Für meinen kleinen Primaten,
der eben erst anfängt, das Leben zu entdecken

DR. EMMANUELLE
POUYDEBAT

# WAS TIERE KÖNNEN

Wie sie denken
Wie sie kommunizieren
Wie sie uns überraschen

Vorwort von Yves Coppens

Aus dem Französischen
von Alexandra Baisch

GOLDMANN

Die französische Originalausgabe erschien 2017 unter dem Titel
»L'intelligence animale« bei Odile Jacob, Paris.

Wir haben uns bemüht, alle Rechteinhaber ausfindig zu machen, verlagsüblich zu nennen und zu honorieren. Sollte uns dies im Einzelfall aufgrund der schlechten Quellenlage bedauerlicherweise einmal nicht möglich gewesen sein, werden wir begründete Ansprüche selbstverständlich erfüllen.

Sollte diese Publikation Links auf Webseiten Dritter enthalten, so übernehmen wir für deren Inhalte keine Haftung, da wir uns diese nicht zu eigen machen, sondern lediglich auf deren Stand zum Zeitpunkt der Erstveröffentlichung verweisen.

 Dieses Buch ist auch als E-Book erhältlich.

Verlagsgruppe Random House FSC® N001967

1. Auflage
Deutsche Erstausgabe März 2019
Copyright © 2017 der Originalausgabe: Odile Jacob
Copyright © 2019 der deutschsprachigen Ausgabe:
Wilhelm Goldmann Verlag, München, in der Verlagsgruppe
Random House GmbH, Neumarkter Str. 28, 81673 München
Umschlag: Uno Werbeagentur, München
Umschlagmotiv: © gettyimages/Frederic Desmette
Redaktion: Mailin Micke
Satz: Satzwerk Huber, Germering
Druck und Bindung: GGP Media GmbH, Pößneck
Printed in Germany
JE · Herstellung: IH
ISBN 978-3-442-17784-4
www.goldmann-verlag.de

Besuchen Sie den Goldmann Verlag im Netz:

# Inhalt

| | |
|---|---:|
| Vorwort von Yves Coppens ............................ | 13 |
| **Einleitung**............................................... | 19 |
| Lucy wohnt ganz in meiner Nähe ...................... | 19 |
| Die Vergangenheit verstehen, um die Gegenwart zu verstehen.......................................... | 22 |
| Die Gegenwart verstehen, um die Vergangenheit zu verstehen.......................................... | 23 |
| Jane Goodalls Schülerin ............................... | 25 |
| Jenseits von Afrika, auf dem Weg zum Taï-Nationalpark....................................... | 29 |
| Professor Yves Coppens gibt es wirklich! ............... | 33 |
| Was ist Intelligenz, und wie vergleicht man Intelligenz bei verschiedenen Arten? ..................... | 36 |
| Was Sie beim Lesen dieses Buchs erwartet ............... | 39 |
| **Kapitel 1 – Die Intelligenz, eine rein menschliche Besonderheit?**....................................... | 43 |
| Ein kleiner Hinweis unter Freunden .................... | 43 |
| Was ist der Mensch? ................................... | 43 |

| | |
|---|---|
| Der Mensch, dieser Primat.............................. | 45 |
| Die Besonderheiten des Menschen ..................... | 47 |
| Die Primaten, diese Tiere ............................... | 51 |
| Wer hat die ersten Steinwerkzeuge hergestellt?.......... | 52 |
| Homo oder nicht Homo?................................ | 55 |
| Wenn der aufrechte Gang und das Werkzeug zusammenkommen ...................................... | 56 |
| Warum die Archäologie nicht ausreicht ................. | 59 |
| Primaten und Steinwerkzeug ........................... | 62 |
| Und nur der Mensch wurde vom Genie geküsst? ......... | 76 |

## Kapitel 2 – Wer ist der Beste? ....................... 79

| | |
|---|---|
| Menschliche und nicht menschliche Primaten im Umgang mit Werkzeug ............................. | 79 |
| Der Gebrauch von unterschiedlich einsetzbarem Werkzeug ............................................... | 79 |
| Die Bedeutung von Pflanzen............................ | 84 |
| Der Wettstreit um die Nuss im Labyrinth................ | 85 |
| Das Labyrinth und die Bonobos......................... | 87 |
| Das Labyrinth und die Orang-Utans..................... | 89 |
| Das Labyrinth und die Gorillas.......................... | 91 |
| Das Labyrinth und die kleinen Affen: ein Versuch mit den Kapuzineraffen.................................. | 92 |
| Das Labyrinth und die Menschen ....................... | 92 |
| Der Einfluss von Lebensweise und Kultur ............... | 94 |
| Die Auswirkungen von Wettstreit ....................... | 96 |

## Kapitel 3 – Ohne Daumen, ohne Hände, ohne Cortex und Skelett! ... 99

Werkzeuge in der Luft und im Wasser ... 99
Die Säugetiere: mit Krallen und ohne opponierbaren Daumen ... 99
Die Vögel: ganz ohne Hände ... 101
Von Spinnen und Insekten: ohne inneres Skelett und ohne Cortex!. ... 107
Und im Wasser? ... 112

## Kapitel 4 – Technik und Kreativität ... 123

Konstruktionen und die Manipulation von Objekten im Tierreich ... 123
Ist der Gebrauch von Werkzeug wirklich ein Indiz für Intelligenz? ... 124
Was sind die neuronalen Grundlagen für Geschicklichkeit und den Gebrauch von Werkzeug? ... 132
Wer hat die ersten Werkzeuge hergestellt? ... 135
Die Ingenieure unter den Tieren: Erbauer, Schneider, Vermesser ... und das ganz ohne Werkzeug! ... 142

## Kapitel 5 – Wie schafft man es, zum richtigen Zeitpunkt am richtigen Ort zu sein? ... 147

Das Navigieren und das Gedächtnis ... 147
Haben Sie sich im Wald verirrt, dann folgen Sie einem Schimpansen! ... 150
Schimpansengedächtnis versus Studentengedächtnis ... 153
Vögel und ihre unzähligen Verstecke ... 156

Elefanten vergessen nie etwas, Goldfische hingegen
immer alles? .............................................. 159
Heimkehren: Das ist manchmal ganz schön
kompliziert! .............................................. 164
Achtung, Gefahr: Raubtiere!............................. 173
Magnetismus in trübem Gewässer: die Orientierung
der Delfine................................................ 176
Was verhält sich eine Eidechse im Labyrinth? ............ 179
Wer verfügte als Erster über räumliche
Orientierung?............................................. 182

## Kapitel 6 – Weitergeben oder nicht weitergeben? .............................................. 187

Innovation und soziale und kulturelle Intelligenz ........ 187
Innovation und Intelligenz: Na, was ist, bist du
innovativ oder nicht? .................................... 191
Du kannst Neuerungen durchführen? Dann gib sie
doch auch weiter!......................................... 199
Je mehr, desto intelligenter! ............................... 203
Sei intelligent, um kultiviert zu sein, oder sei kultiviert,
um intelligent zu sein?................................... 211

## Kapitel 7 – Kooperation, Altruismus oder Empathie? ................................................ 217

### Die Intelligenz des Herzens ............................. 217
Sie haben nicht das Monopol des Herzens ... ............. 217
Kooperiere und werde intelligent oder sei intelligent
und kooperiere? ......................................... 218

| | |
|---|---|
| Ursprung und Entwicklung der Kooperation: schummeln oder nicht schummeln | 223 |
| Altruismus bei Tieren? Warum sprechen wir nicht gleich von Empathie?! | 229 |

## Kapitel 8 – Eine oder mehrere Formen der Intelligenz?  235

| | |
|---|---|
| Von einer linearen hin zu einer sich verästelnden Evolution | 235 |
| Mit dem Leben taucht auch die Intelligenz auf | 238 |
| Intelligenz: weshalb sie auftaucht und wie sie sich weiterentwickelt | 241 |
| Mal angenommen, die Menschen wären trotz allem die Intelligentesten | 245 |
| Von der Unmöglichkeit, Intelligenz zu hierarchisieren | 248 |
| Der Mensch und die Ameise | 250 |

## Fazit  253

| | |
|---|---|
| Über die Absurdität, die tierische Intelligenz beweisen zu müssen | 253 |
| Die Intelligenz, gemessen am Maßstab der Evolution | 255 |
| Wenn ich mal groß bin … | 258 |

| | |
|---|---|
| Danksagung | 263 |
| Literaturverzeichnis | 265 |
| Bildnachweis | 295 |
| Register | 297 |

# Vorwort von Yves Coppens

Meine liebe Emmanuelle,

abgesehen von diesen ersten Seiten, die mich in Verlegenheit bringen, muss ich sagen: was für ein schönes Buch, und was für eine elegante Vorgehensweise, den Menschen an seinen Platz zu verweisen; es hält zahlreiche Lektionen für denjenigen bereit, den die Neugier antreibt, sich einfach in dieser Welt umzusehen, indem er bei sich selbst beginnt, dann größere Kreise zieht und schließlich alles betrachtet, was um ihn herum und in ihm ist. Diese Welt, die seit vier Milliarden Jahren auf so wunderbare Weise besteht, steckt voller Ideen, Tricks und Strategien, wie man sich ernähren, sich schützen oder einander verführen kann und dabei weder auf seine Vorlieben noch auf seinen Komfort oder sein Schönheitsempfinden, auf seine Lebensqualität oder seine Sicherheit verzichten muss. Alles Lebendige arbeitet ununterbrochen weiter daran, jedwedes Verlangen bestmöglich zu befriedigen. Seine Vielfältigkeit und Kreativität werden nur durch seine Genetik kontrolliert, die, wie man heutzutage weiß, sehr viel fließender verläuft, als man sich vorgestellt hat. Nur sie kann seine Kapriolen ein wenig eingrenzen und lenken. Wir dürfen nicht vergessen, dass, zumindest momentan, einzig unser Planet (oder vielleicht unser Sternensystem) von dieser Biosphäre umgeben ist, ein paar tausend Meter über und unter uns, ein Erbe, dessen Außergewöhnlichkeit wir tagtäglich besser ermessen sollten; denn dieser Planet birgt einen Schatz an Formen, Farben, Aktivitäten und Ideen, aber auch an Gefühlen, Vertrauen, Komplizenschaft und Zuneigung, gemischt mit Misstrauen und Argwohn als Warn- oder Verteidigungssystem. Diese Großzügigkeit beweist im Übrigen, wie besessen die Natur darum bemüht ist, die Arten, die sie hervorgebracht hat, um jeden Preis zu bewahren, das heißt, jedes Individuum trotz aller Tücken einer Welt, in der Jäger und Gejagte sich mehr oder weniger im Gleichgewicht halten, am Leben zu erhalten. Meine Überlegungen sollen meine Bewunderung für die Naturforscherin, die Sie sind, meine liebe Emmanuelle, aber auch für die Person, die Sie verkörpern, zum Ausdruck bringen. Dem Menschen von Zeit zu Zeit zu sagen, dass es ein Pleonasmus ist, ihn in die Natur zu versetzen, tut seinem Verständnis der Welt gut, lehrt ihn Bescheidenheit und weckt zugleich die Lust, in Ihre Hymne des Lebens einzustimmen. Manche meiner Konferenzen tragen aus Faulheit häufig das unaufgeregte Motto »Die Vergangenheit erleuchtet die Zukunft«; von Ihnen werde ich unter anderem zurückbehalten, dass die Gegenwart auch die Vergangenheit erleuchtet.

## Vorwort

Ihr Buch ist ein Genuss, liebe Emmanuelle, ein Spaziergang durch die Welt der Lebenden und über den gesamten Globus. Es beobachtet ohne Ungeduld, denn Geschwindigkeiten sind ebenso unterschiedlich wie die Akteure, und ich weiß Ihre Untersuchungen und auch – oder gerade – die Findigkeit Ihrer Experimente zu schätzen. Sie gehen dabei noch gewiefter vor als das beobachtete Objekt, mit dem Ziel, es immer besser kennenzulernen. Das funktioniert und überrascht – machen Sie, lieber Leser, sich immer auf das Unerwartete gefasst! –, oder es funktioniert nicht, weil jeder, auch ein Beobachtungsobjekt, nun einmal seinen Stimmungen unterliegt und diese respektiert gehören.

Wie Sie wissen, bin ich Naturwissenschaftler, also fühle ich mich in Ihrem Buch besonders wohl (an der Universität von Rennes verbrachte ich ein ganzes Jahr mit Spinnentieren; auf den ersten Blick mag das vielleicht langweilig erscheinen – aber diese Welt erstaunte mich beständig mit ihrem Reichtum, ihrer Diversität und ihrer Genialität). Außerdem bin ich Paläontologe und in meinen Mußestunden auch Paläoanthropologe, daher möchte ich ein kurzes Wort zu unserer Arbeit verlieren.

Zunächst muss sich der Paläoanthropologe den Kopf darüber zerbrechen, wohin er gehen und wo er graben muss, als Nächstes muss er die Fossilien im Untergrund finden und schließlich verstehen. Wie Sie wissen, habe ich zahlreiche Jahre direkt vor Ort verbracht (zu diesem Zeitpunkt schlief ich häufiger in Zelten oder unter Sternen als in meinem Bett!), und wenn ich tatsächlich ein Stück kaputten Knochen fand, das einem Menschen oder einem Vorfahren des Menschen gehörte, dann war das häufig erst, nachdem wir etwa fünf Tonnen Knochen anderer Wirbeltiere eingesammelt hatten. Die anschließende Untersuchung der Fossilien kann durch beachtliche Fortschritte der Bildgebung nicht ersetzt werden. Diese erlaubt allerdings, tiefer ins Gewebe der Knochen vorzudringen, die Strukturen und die Biomechanik zu verstehen, von den Zellen bis hin zu den Isotopen, und manchmal, wenn das Fossil noch nicht zu alt ist, Überbleibsel der nuklearen oder mitochon drialen DNA zu entdecken, die sie uns freundlicherweise »zurückgelegt« haben. Ich bitte hier um ein wenig – nur ein klein wenig – Nachsicht für die Kurzfassung des vergleichenden anatomischen Examens, seiner Interpretationen und Stolpersteine. Der Paläoanthropologe hat zwei unheilbare Süchte: schnellstmöglich das Alter des Knochenstücks sowie die Abstammung seines Trägers herauszufinden!

Und schließlich müssen Sie wissen, liebe Emmanuelle, aber davon haben Sie vermutlich längst gehört, dass meine Studenten und wissenschaftlichen Kollegen mich »Silberrücken« nannten, was, und das muss ich Ihnen eigentlich gar nicht erklären, der Spitzname des alten männlichen Gorillas ist! Was soll ich dazu sagen, außer, dass ich so ohne Vorwarnung – und wie ich nur durch eine Indiskretion herausfand – in der Familie der Hominiden mit einem Mal zwei Arten auf einmal vertreten musste, was gar nicht so unangenehm ist.

Ich bin mir sicher, dass die Leserinnen und Leser von Ihren zahlreichen, unterschiedlichen und immer außergewöhnlichen

Beispielen begeistert sein werden, auf die sie ansonsten wohl kaum stoßen würden; ich bin stolz darauf, zu Beginn dieses »Emmanuelle im Wunderland«-Werks zu Wort gekommen zu sein. Sie haben sich von »Werkzeug« und »Intelligenz« leiten lassen, aber Ihr Buch geht noch sehr viel weiter: Es beschreibt die Gesamtheit des eigenartigen und wunderbaren Phänomens des Lebens. Schon Dostojewski schrieb: »Die Schönheit wird die Welt retten« ...

# Einleitung

Man schreibt nicht zufällig ein Buch über tierische Intelligenz und ihre Entwicklung. Es ist das Ergebnis eines langen Weges, bei dem sich alle unter uns ohne jeden Zweifel wiederfinden werden – ob nun ein klein wenig, etwas mehr oder voll und ganz ...

## Lucy wohnt ganz in meiner Nähe

1984. Es gibt Jahre wie dieses, die einen prägen und die Richtung eines Lebens vorgeben. Ich bin elf Jahre alt. Bisher haben mich bebilderte Kinderbücher über die Urgeschichte, die Evolution, Tiere und Dinosaurier begeistert, die meine Mutter mir regelmäßig aus der Schule mitbringt, an der sie unterrichtet. Die Geburt eines kleinen Bruders, den ich beim Aufwachsen erlebe, verändert meinen Blick auf die Entwicklung des Lebens vollständig. Eine weitere Geburt: *Die Wurzeln des Menschen* – 152 Seiten aus der Feder von Yves Coppens. Die Lektüre dieses

## Einleitung

Buchs hat mein Bild über die Entstehungsgeschichte des Lebens für immer verändert. Die Zeilen erwecken meine Leidenschaft, mein Denken und meine Fragen. Seite um Seite tauche ich in die ferne Vergangenheit des menschlichen Geschlechts ein. Ich sehe Lucy, den kleinen weiblichen Australopithecus, der in meiner Kinderseele zugleich einem Menschen wie einem Schimpansen ähnelt. Zurückgezogen in meinem Zimmer sehe ich, wie sie Raubtieren entkommt und auf allen möglichen Wegen nach Nahrung sucht. So wie in alten Science-Fiction-Filmen, in denen sich die Epochen auf ungünstige Weise vermischen, stelle ich mir in meiner siebten Etage vor, wie ein Diplodocus durch das Fenster in mein Zimmer sieht und ich ihn ablenke, während Lucy versucht, ihm zu entkommen ... Ich will Lucy retten! Im Lauf der Jahre erfahre ich, dass sie vielleicht ertrunken ist, als sie im Alter von 20 Jahren einen Fluss überqueren wollte, und das vor mehr als drei Millionen Jahren. Ebenso finde ich heraus, dass der Diplodocus Lucy niemals gefressen hätte, da er ein Pflanzenfresser war und noch dazu 150 Millionen Jahre vor ihr gelebt hatte ...

Sechs Jahre später sehe ich mir im Fernsehen die Sendung *La Marche du Siècle* an, eine wöchentlich im Fernsehen übertragene Diskussionsrunde. Unter den Gästen ist ein gewisser Yves Coppens ... Sein Charme zeigt Wirkung, meine Faszination und meine leidenschaftliche Begeisterung finden Bestätigung. Monatelang sehe ich mir die Aufnahme der Sendung in Endlosschleife an. Der Professor erzählt von Lucy. Von der faszinierenden Lucy, die er zusammen mit seinen amerikanischen Kollegen

## Einleitung

ein Jahr nach meiner Geburt entdeckt hat. Lucy, eines der berühmtesten Fossilien der Welt. Das erste, das fast komplett und aus einer so weit zurückreichenden Epoche wiederaufgetaucht ist. Dieser bärtige, lustige und liebevolle Mann erzählt, wie der kleine weibliche Australopithecus lebte, sich fortbewegte und überlebte, mit seinen ein Meter zehn in der Umgebung eines lichten Waldes. 52 Knochen, untersucht, erforscht und analysiert für eine der schönsten Geschichten – unsere Geschichte. Lucy sei ein Zweifüßer wie wir, aber vermutlich bewege sie sich noch von Ast zu Ast weiter wie die Schimpansen. Vielleicht sei Lucy kein direkter Vorfahre der Menschen, sondern vielmehr eine Cousine von uns. Ich höre ihm zu, schließe die Augen und sehe, wie Lucy vor über drei Millionen Jahren lebte. Für den Professor gab es zu dieser Epoche »ein regelrechtes Bouquet an Vorläufern des Menschen, von denen Lucy eine der Blumen darstellt«. Mehr als vier Millionen Jahre vor Lucy: der gemeinsame Vorfahre von Menschen und Schimpansen! Zwei Millionen Jahre nach Lucy dann die ersten Menschen! Ich lausche dem Geschichtenerzähler, dem Poeten, dem leidenschaftlichen Wissenschaftler, und Millionen von Jahren laufen vor meinen entzückten Augen ab. Vom siebten Stock meines Hochhausturms aus will auch ich es verstehen. Wie haben sich die Primaten entwickelt? Wer ist dieser berühmte gemeinsame Vorfahre, der uns mit den Schimpansen verbindet? Warum ist Lucy kein Mensch? Was ist das überhaupt, ein Mensch? Ich will die Vergangenheit verstehen, um die Gegenwart zu verstehen. Meine Entscheidung ist gefallen! Wenn ich mal groß bin, will ich Yves Coppens sein.

## Einleitung

## Die Vergangenheit verstehen, um die Gegenwart zu verstehen

Mit dem Abitur in der Tasche geht es für mich an die Universität, wo ich mich dem Studium der Anthropologie widmen will. Ich möchte eine Doktorarbeit über die Entwicklung des menschlichen Geschlechts schreiben. Aber da war ich wohl etwas voreilig! Ich lerne Bescheidenheit ... Wieder stecke ich in einem Turm, dieses Mal in dem der Universität Tolbiac. Erster unvergesslicher Kurs über die Vorgeschichte von Professorin Yvette Taborin im großen Amphitheater. Endlich sehe ich Lucy wieder. Ohne jedes Schamgefühl und mit höchster Innigkeit gibt sich die Professorin auf dem Podium einer Imitation des wiegenden zweifüßigen Gangs meines kleinen Australopithecus hin!

Vorlesung folgt auf Vorlesung. Ich lerne, auch noch das winzigste Knochenfragment zu identifizieren und die Gattungen zu bestimmen. Ist das ein Primat? Welcher? Stammt das von einem anderen Säugetier? Von welchem? Anhand eines winzigen Fragments von manchmal nicht mehr als einem Zentimeter muss ich bestimmen können, um was für einen Knochen es sich handelt. Ich bin leidenschaftlich bei der Sache und werde unschlagbar bei diesem Spiel. Sehr schnell wird der Drang, Knochen zu entdecken, größer, und meine ersten Praktika führen mich zu archäologischen Ausgrabungen. Eine davon findet bei einem Kollektivgrab aus dem Neolithikum statt, das etwa 9.000 Jahre alt ist und in einer Grotte in Corconne, im

Département Gard liegt. Schnell zeichnet sich die Oberfläche des ersten Knochens unter Skalpell und Pinsel ab. Nach und nach kommt er zum Vorschein. In wenigen Wochen entdecke ich so den ganzen Körper eines Kleinkindes. Eine Mischung aus Faszination, Ergriffenheit, Schamlosigkeit und Verstörtheit erfasst mich. Vielleicht, weil diese Epoche noch so nah ist? Vielleicht, weil die Vergangenheit noch viel zu stark in mir nachklingt? Nur dessen bin ich mir sicher: Lucy lebt. Sie lebt in meiner Fantasie. Vermutlich ist auch das der Grund, weshalb ich es nicht fertigbringe, mir die Nachbildung ihres Skeletts im Muséum national d'histoire naturelle anzusehen. Nächste Lektion: Man wird nicht einfach so zu Yves Coppens. Ich muss einen anderen Weg finden, um die Vergangenheit zu verstehen.

## Die Gegenwart verstehen, um die Vergangenheit zu verstehen

Da sitze ich also wieder in den Vorlesungen an der Uni und in den Bibliotheken. Ich verschlinge jedes Wort der unterrichtenden Anthropologen, Primatenforscher, Biologen, Evolutionisten, Ethnologen ... Ich schwelge regelrecht in den Büchern und Artikeln. Ich sauge die außergewöhnliche Bibliothek mit all ihren Geschichten im Musée de l'Homme und die Schätze des Muséum national d'histoire naturelle in mich auf. Kein Internet. Das Lesen eines Artikels muss man sich verdienen. Man muss ihn bestellen, geduldig abwarten ... Aber wenn der Artikel oder das Buch dann eintreffen, pocht das Herz wie wahnsinnig! Und ein solcher Artikel ist kurz davor, mich wieder ganz für sich zu vereinnahmen. Gierig blättere ich die Seiten um, und jeder Satz inspiriert und durchdringt mich. Ich sehe mich um zehn Jahre zurückversetzt, die Gefühlswelten überlappen sich. Ich verschlinge »Mein Leben mit den Schimpanzsen« von Jane Goodall, einem der drei »Engel« des berühmten Paläoanthropologen Louis Leakey, der sie und zwei weitere Verhaltensforscherinnen in ihrer Arbeit stark förderte. Jane Goodall ist 26, als sie nach Tansania kommt, ins tiefste Tanganjika, um Schimpansen zu erforschen. Alle gehen davon aus, dass sie schon bald wieder nach Hause fahren wird. Aber sie bleibt 50 Jahre und revolutioniert die Primatologie. Sie gibt den Schimpansen Vornamen. Schlimmer noch, sie zeigt die Persönlichkeit eines jeden auf und beschreibt, wie sie Werkzeug herstellen und einsetzen, um sich zu ernähren. Unermüdlich kämpft sie dafür, dass ihre Beobachtungen anerkannt werden. Die wissenschaftliche Gemeinschaft der damaligen Zeit glaubt ihr nicht und zweifelt stark an der wissenschaftlichen Qualität ihrer Methoden. Doch die vorgefertigten Ideen bröckeln, und endlich beginnt eine fesselnde wissenschaftliche Debatte. Ist das Werkzeug nicht etwas, das dem Menschen eigen ist? Muss man den Schimpansen der Gattung Mensch zurechnen? Muss die menschliche Art neu definiert werden? Mit diesem Buch und allen Artikeln, die daraus hervorgehen, wird mir klar, dass das Erforschen des Verhaltens von Primaten heutzutage ganz elementar ist, um sich mit ihrer Entwicklung und den menschlichen Ursprüngen zu befassen. Verstehe die Affen, dann verstehst du den gemeinsamen Vorfahren und Lucy. Ich will die Gegenwart verstehen, um die Vergangenheit zu verstehen. Meine Entscheidung steht fest! Wenn ich mal groß bin, dann will ich auch zu Jane Goodall werden.

## Jane Goodalls Schülerin

Von nun an bin ich motiviert, Affen zu beobachten, also beschließe ich, mein Glück im Zoo von Thoiry zu versuchen, um so meine Universitätsausbildung zu vervollständigen. Das ist zwar weniger exotisch als Tansania, aber für den Anfang komme ich dort einfacher hin. In diesem Zoo befindet sich die größte Gruppe in Gefangenschaft gehaltener Tonkean-Makaken. Ich bin die glücklichste aller Studenten, und das Abenteuer dauert insgesamt zwei Jahre. Meine Aufgabe besteht hauptsächlich darin, herauszufinden, wie die Tiere aus ihrem Gehege ausbüxen, um dann die Ordnung im ganzen Zoo durcheinanderzubringen. Erster Tag der Beobachtung, sechs Uhr morgens. Ich bin allein in diesem Bereich und habe vier Stunden, bevor die ersten Besucher eintreffen. Die Tierpfleger haben mich vorgewarnt: Die Makaken büxen aus, haben keine Angst vor Menschen, dafür aber große Zähne! Früh am Morgen richte ich mich vor ihrem riesigen Gehege voller Bäume, Büsche und Baumstämme ein, und sogar Schafe sind darin, von denen sich die Makaken gerne spazieren tragen lassen. Ich habe fast das ganze Gehege im Blick, das auf einer Seite von einem Bach, auf der anderen von einem Gitter begrenzt wird. Erste anstehende Aufgabe: die Affen zählen. Oh, wow ... 54! Zweite Aufgabe: sie identifizieren und ihnen einen Namen geben. Als wäre ich eine erfahrene Jane Goodall, gehe ich davon aus, dass sie mich entweder nicht bemerkt haben oder aber meine Gegenwart mehr oder weniger ignorieren. Kurzzeitig schweife ich gedanklich ab, denke einen Moment lang an meine kleine Lucy, kehre urplötzlich wieder in die Gegenwart zurück, beschließe, sie besser erneut zu identifizieren und zu zählen. Etwa ein Dutzend fehlt. Mit einem Mal höre ich verdächtige Geräusche hinter mir. Ein leises Angstgefühl überfällt mich. Langsam drehe ich mich um und entdecke, was ich bereits befürchtet habe: Etwa ein Dutzend Makaken steht mit gebleckten Zähnen vor mir! Die Eckzähne eines Tonkean-Makaken: vier Zentimeter lang. Ganz offensichtlich bin ich hier nicht erwünscht, und ich lerne eine erste Verhaltensweise von Makaken kennen: die Einschüchterung. Sie haben mich umkreist, und hinter mir ist nur Wasser. Kein Ausweg. Ich habe keine andere Wahl, als mich ihnen zu stellen. Dementsprechend versuche ich, sie meinerseits einzuschüchtern, baue mich vor ihnen auf, bewege meine Arme und zeige meine kleinen Eckzähne. Sie verschwinden! Sie haben sich zwar mein ganzes Material gekrallt, aber sie verschwinden. Erste Lektion: Verliere dich niemals in deinen Gedanken. Zweite Lektion: Lerne zu beobachten.

Mehrere Wochen der Habituation[1] sind notwendig, damit die Makaken meine fragwürdige Gegenwart etwas vergessen

## Einleitung

und ich sie alle auseinanderhalten kann. Jetzt kann ich tatsächlich mit dem eigentlichen Beobachten beginnen, und die Schlussfolgerung lässt keinen Zweifel zu: Die Makaken büxen aus, indem sie zum einen Tunnel unter dem Gitter graben, und zum anderen, indem sie den Bach schwimmend durchqueren. Nächster Schritt: den zuständigen Tierpfleger überzeugen, der der felsenfesten Überzeugung ist, Affen seien weder in der Lage zu schwimmen, noch könnten sie einen Tunnel graben. Dritte Lektion: Trotze den Gewissheiten. Nach dieser ersten Mission kann ich mich endlich der wissenschaftlichen Beobachtung dieser Tonkean-Makaken und anderer Primaten des Zoos widmen, wie zum Beispiel der Lemuren, der Mandrille und der Berberaffen. Nach und nach werde ich mit den sozialen Interaktionen zwischen den Individuen vertraut, ihren Allianzen und Putschversuchen, ihrem Spielen und Erlernen. Und die Fragen stürmen nur so auf mich ein. Unterscheiden sie sich tatsächlich so sehr von uns? Inwiefern war Lucy anders? Wie nehmen sie mich wahr? Sehen sie mich als Fremdkörper ihrer Gruppe? Als ihrer Art nicht zugehörig? Würden sie mich akzeptieren? Ich versuche, in der Praxis Antworten auf diese letzten Fragen zu finden, indem ich ein paar der Gehege betrete. Zuerst gehe ich zu den Lemuren. Sie interessieren sich nicht sonderlich für mich. Die ersten Tage sind sie etwas neugierig, doch dann ignorieren sie mich schnell, mit Ausnahme von ein paar jungen Lemuren, die sich mir immer wieder auf die Schenkel setzen, von wo ihre Mütter sie postwendend abholen. Als Nächstes wiederhole ich dieses Experiment bei den

Berberaffen. Seit ihrer Ankunft vor sechs Monaten war noch niemand in ihrem kleinen Gehege. Es ist eine übersichtliche Gruppe: ein Männchen und zwei Weibchen. Vorsichtig trete ich ein und schließe die Tür hinter mir. Dann setze ich mich hin und warte ab. Schnell errege ich großes Interesse bei den Weibchen. Sie setzen sich auf mich und fangen an, mich zu berühren. Die Interaktionen wechseln zwischen verschiedenen Gesichtsausdrücken und dem Herumzupfen an meinem T-Shirt. Dieses Erlebnis ist ganz anders als das bei den Lemuren. Ich beschließe, sie einfach machen zu lassen, spüre aber, dass dieser Moment der Nähe schnell ausufert. Abwechselnd klettern die beiden Weibchen auf meinen Kopf und fangen an, die Zähne zu blecken. Eckzähne von Berberaffen: drei Zentimeter lang! Ich bin nicht mehr Herrin der Lage: Die Weibchen ziehen an meinen Haaren, reißen sie mir büschelweise aus. Dazu stoßen sie schrille Schreie aus und hüpfen mir immer wieder auf den Kopf. Eifersucht? Unsicherheit? Ich weiß es nicht. Ich rühre mich nicht. Dann tritt das Männchen auf den Plan. Ziemlich aggressiv stellt es sich zwischen uns und stößt die Weibchen zurück. Sie raufen miteinander. Ich bewege mich nicht. Schließlich lassen mich die Weibchen in Ruhe und beziehen an der gegenüberliegenden Seite des Geheges Stellung, von wo aus sie mich beobachten. Das Männchen kauert sich neben mich. Sein Gesichtsausdruck wirkt friedlich, hin und wieder wirft es mir einen flüchtigen Blick zu. Dann fängt es an, meine Haare und schließlich meine Arme zu inspizieren. Das Männchen nimmt mich genau unter die Lupe, entlaust mich! Vierte

Lektion: Schreibe den Tieren keine menschlichen Verhaltensweisen zu und wahre die Distanz.

## Jenseits von Afrika, auf dem Weg zum Taï-Nationalpark

Die Ausgrabungen, Thoiry ... So viele Abenteuer, die nach und nach mein Denken bestimmen. Sie bestärken mich noch mehr darin, sowohl zu Yves Coppens als auch zu Jane Goodall werden zu wollen. Jede Art ist ganz eigen, im selben Maß wie jedes Individuum. Die Frage nach der Disparität und den Gemeinsamkeiten zwischen dem Menschen und anderen Tieren lässt mich nicht mehr los. Zurück an der Universität und vertieft in die wissenschaftliche Lektüre wird eine weitere grundlegende Komponente zu etwas ganz Offensichtlichem: die Umgebung. Die Gefangenschaft spiegelt selbstverständlich keine natürliche Umgebung wider. Dann wiederum verändert sich die Umgebung im Lauf der Zeit und spielt eine wesentliche Rolle für die Evolution der Arten und folglich auch für das menschliche Geschlecht. Die Morphologie der Arten passt sich dem jeweiligen Lebensumfeld an. Doch was ist mit dem Verhalten? Lucy lebte umgeben von Bäumen und Freiflächen. Inwiefern beeinflusste diese Umgebung ihr Verhalten? Die von Jane Goodall erforschten Schimpansen kennen ihre Umgebung und erkunden ihr Lebensumfeld, um sich zu ernähren, und manchmal benutzen sie dazu Werkzeug. Wie passen sie sich dem Wald

## Einleitung

und seinen Veränderungen an? Wie finden sie Nahrung? Wenn ich verstehen will, was uns von den anderen Tieren unterscheidet und wie sich die Intelligenz entwickelt hat, dann muss ich verstehen, wie die Tiere in ihrem natürlichen Umfeld leben. Ich muss ihren Lebensraum mit eigenen Augen sehen, auch um mir vorstellen zu können, wie der von Lucy ausgesehen haben könnte. Welchen Einschränkungen müssen sich die Tiere stellen? Mir bietet sich eine Gelegenheit, die ich sofort beim Schopf ergreife: die Elfenbeinküste. Zwischen zwei Putschversuchen geht es für mich nach Abidjan. Ich sehe jetzt noch das Gesicht meines Vaters am Flughafen vor mir, der hin- und hergerissen war zwischen dem Drang, mir zu sagen: »Los geht's!« oder aber: »Du kommst sofort mit nach Hause!« Doch meine Eltern gehören nicht zu denen, die den Träumen eines anderen im Weg stehen. Ankunft am Abend in Abidjan. Beim Verlassen des Flugzeugs ein überwältigendes Gefühl, als mir Hitze und erdrückende Feuchtigkeit entgegenschlagen. Wir fahren in den Westen des Landes, in den Süden des tropischen Waldes des Taï-Nationalparks. Am nächsten Tag sehr früh aufstehen, dann geht es für zwei Tage in den Dschungel. Ich werde von Willy begleitet, einem ivorischen Guide, der den Wald kennt wie seine Westentasche und einen fragt, warum man denn so verrückt ist und in ebendiesen Wald hineinwill. In diesem Moment denke ich nicht mal an die Spinnen und anderen pelzigen oder schuppigen Tiere, die hier auf uns warten. Willkommen in einer anderen Welt: im Regenwald. Bei jedem Schritt wird mir klar, wie anders die Umgebung hier ist. Alle Sinne sind

## Einleitung

hellwach und entdecken neue Gerüche, neue Geräusche. Ab und an sehe ich gerade mal drei Meter weit. In jedem Moment werden mir die ökologischen Einschränkungen deutlicher bewusst, mit denen die Tiere hier konfrontiert sind. Nacheinander kommen wir an Ameisenhaufen vorbei, in die man besser nicht hineintritt, an Spuren von Nilpferden, die kurz zuvor vorbeigekommen sein müssen, Vogelspinnen, die sich aufrichten, und dem Gerippe eines Elefanten, das man wegen des Ebolavirus nicht anfassen darf. Plötzlich ein Geräusch, etwas weiter weg. Schimpansen. Sie trommeln. Sie schlagen mit Händen und Füßen auf große Baumwurzeln oder Stämme, wie sie es immer dann tun, wenn sie auf andere Gemeinschaften treffen oder aber anzeigen wollen, wo sie sich aufhalten oder wo sich eine Nahrungsquelle befindet. Willy kann sie genau verorten. Wir werden versuchen, sie tags darauf zu sehen. Für heute Abend ist es zu spät. Die Schimpansen richten sich für die Nacht oben in den Bäumen ein. Keine Chance, sie zu finden. Am nächsten Morgen sehr früh aufstehen. Willy hofft, dass wir uns den Schimpansen nähern können, wenn sie am Aufwachen sind. Wieder tauche ich in diese undurchdringliche Waldwelt ein, und dann geschieht das Unerwartete. Nach vier Stunden Gehzeit bleibt Willy unvermittelt stehen. Die Schimpansen sind ganz in der Nähe. Reglos stehen wir da, und noch nie zuvor waren meine Sinne so aufs Äußerste gespannt. Wir warten etwa fünf bis zehn Minuten, dann findet das Wunder statt. Ein großes Männchen. Wunderschön, stattlich, beeindruckend. Es geht in gerade mal fünf Metern Entfernung an uns vorbei, bleibt stehen, sieht uns an, geht weiter. Schneller könnte mein Herz gar nicht pochen. Ich stehe mit weit aufgerissenen Augen da, bin ganz überwältigt, schaffe es nicht zu filmen, sondern beobachte den Schimpansen, wie er sich frei in seiner Umgebung bewegt. Damit er uns nicht abhängt, müssen wir joggen, bisweilen sogar rennen. Seine Anpassung an die Fortbewegung im Wald kommt hier zu voller Geltung. Denn er bewegt sich ganz leichtfüßig und kommt in diesem bisweilen überaus dichten Wald problemlos voran, wohingegen wir jeden Moment mit Lianen, Ästen, riesigen Wurzeln und irgendwelchen Löchern zu kämpfen haben, während wir versuchen, mit ihm mitzuhalten. Obwohl ich sportlich bin, ist es nicht einfach, bei 30 Grad Celsius durch einen Wald mit einer Luftfeuchtigkeit von 90 Prozent zu rennen. Wir halten durch, so lange es geht, also genau genommen nicht sehr lange, allerhöchstens eine Stunde. Dann gesellt sich ein weiterer Schimpanse zu unserem, und zusammen klettern sie unglaublich schnell in die Baumwipfel hinauf, wo wir sie nicht mehr sehen können. Wie stellt er es an, sich nicht zu verirren, sich in dieser Dunkelheit fortzubewegen und diese ganzen Hindernisse zu überwinden? Wie orientiert er sich? An den Bäumen? Am Boden? An Geräuschen? Wie findet er Obstbäume? Wie findet er Nüsse, die er mit Steinen knackt? Wie findet er seine Beute? Wie geht er Raubtieren aus dem Weg? Was hätte Lucy an seiner Stelle gemacht? Was haben die Menschen darüber hinaus erfunden? Eine sehr kurze Erfahrung, aber so viele Antworten auf meine Fragen und neue Fragen, die dadurch aufgeworfen werden. Die

Bilder aus Afrika helfen mir, meine Vorlesungen besser zu verstehen und meine Grundlagen zu erweitern. Mir wird klar, inwiefern diese Fragen, die ich mir stelle, auch für zahlreiche andere Arten gültig sind, und ich weiß, dass mich noch sehr viele Abenteuer erwarten.

## Professor Yves Coppens gibt es wirklich!

Nach meiner Rückkehr aus Afrika kenne ich mich mit den Einschränkungen der Umgebung besser aus. Dieser Punkt bestimmt nun all meine Fragestellungen. Wie interagieren die Arten mit ihrer Umwelt? Wie passen sie sich ihr an? Welche Strategien müssen sie anwenden, um zu überleben und Nahrung zu finden, die manchmal nur schwer zugänglich ist? Inwiefern unterscheidet sich das Verhalten von Lucy von dem anderer Primaten, darunter auch dem des Menschen? Worin unterscheidet sich das Verhalten des Menschen von dem anderer Primaten beziehungsweise dem anderer Tiere? Meine Überlegungen werden präziser. Hoffnungsvoll mache ich mich an die schwierige Suche, eine Finanzierung für meine Doktorarbeit zu finden. Dabei entdecke ich die Marcel-Bleustein-Blanchet-Stiftung, die Stipendien an motivierte junge Leute verleiht, damit sie ihrer Berufung nachgehen können. Verschiedene Bereiche sind hier vertreten, wie Journalismus, Kunst, Medizin, Paläoanthropologie, Literatur etc. In der Jury sitzen zahlreiche berühmte Menschen, darunter Professor Yves Coppens, der 1963 selbst

## Einleitung

einer der Stipendiaten war. Ich bewerbe mich. Dafür muss ich eine Bewerbungsmappe ausfüllen, in der ich meine Berufung und mein Projekt erläutere. Es fällt mir nicht schwer, meine Leidenschaft in Worte zu fassen, und was das Projekt betrifft, so gebe ich an, die Fähigkeiten zu Handhabung und Gebrauch von Werkzeugen bei Primaten untersuchen zu wollen. Ich frage mich, ob meine kleine Lucy Werkzeuge benutzte und ob das Leben in den Bäumen das Erwerben von Greiffähigkeiten nicht begünstigte. Obwohl dort sehr viele Bewerbungen eingehen, bin ich optimistisch. Eine unerträgliche Wartezeit beginnt, während der ich abwechselnd zum Tennisunterricht und zu Biologievorlesungen gehe. Monate verstreichen. Acht, um genau zu sein. Die Wartezeit zieht sich endlos. Und dann, an einem ganz gewöhnlichen Morgen, schalte ich mein Handy ein und habe eine Nachricht von einem Herrn auf der Mailbox, der mir mitteilt, meine Bewerbung sei von der Jury der Stiftung ausgewählt worden. Er beglückwünscht mich und stellt sich vor ... Yves Coppens. Ich verstehe nicht so recht, ein eigenartiges Gefühl bemächtigt sich meiner. Ich höre die Nachricht erneut an, einmal, zweimal, fünfzigmal. Er ist es. Vermutlich war mir das schon zu Beginn klar, aber mein Gehirn verarbeitet es einfach nicht. Professor Yves Coppens gibt es also wirklich?

Das Wochenende verstreicht, und mein Leben nimmt eine neue Richtung. Ich schreibe mich für die Doktorarbeit ein. Würde Professor Coppens wohl akzeptieren, mein Doktorvater zu werden? Ich beschließe, es zu versuchen. Ich rufe ihn an, vereinbare einen Termin. Das wäre erledigt. Der Termin steht.

## Einleitung

Ein paar Tage vergehen, dann endlich ist der Moment des überwältigenden Treffens gekommen. Im angesehenen Collège de France. Wartezimmer des Büros von Professor Coppens. Ich komme zu früh, eine ganze Stunde zu früh ... Ich warte. In einem Zustand höchster Anspannung! Seine Assistentin sagt mir, er rufe mich herein, wenn er so weit sei. Mein Verstand sagt mir, ich solle verschwinden. Mein Herz, ich solle bleiben. Das Unvorstellbare geschieht. Seine Tür geht auf, er sieht mich an und bittet mich herein. Sein Büro ist riesig, überall liegen Bücher herum, ein paar Knochen und Zähne eines Mammuts. Als er sieht, wie ich die Fragmente des Dickhäuters bewundere, kann er nicht umhin, mir zu erzählen, woher sie stammen und was es mit ihnen auf sich hat. Auf seine Aufforderung hin stelle ich ihm mein Forschungsprojekt vor, meine Fragestellungen, die Experimente, die ich dafür durchführen will. Ich stimme seiner Theorie nicht zu hundert Prozent zu, spiele aber mit offenen Karten. Er reagiert positiv darauf. Also wage ich es, ihn um das Unmögliche zu bitten: mein Doktorvater zu werden. Nichts ist unmöglich. Es dauert sehr lange und geht gleichzeitig sehr schnell. Er erläutert mir seine Vorstellung der Doktorarbeit und das, was er von mir erwartet – in der Funktion als mein zukünftiger Doktorvater! Nichts wird mehr so sein wie zuvor. 2004, 20 Jahre nachdem ich *Die Wurzeln des Menschen* gelesen habe, verteidige ich meine Doktorarbeit. Ich liefere ein paar Antworten. Vor allen Dingen die, dass Menschen bei Weitem nicht die Einzigen sind, die präzise Handgriffe ausführen können, und dass sie auch nicht die

Einzigen sind, die über spezifische Besonderheiten verfügen. Unablässig geistern die Fragen durch meinen Kopf. Es ist gar nicht so leicht, wie man denkt, menschliche Besonderheiten zu bestimmen. Mir scheint es nunmehr unerlässlich, eine größere Zahl Arten miteinander zu vergleichen, und ich werde meine Karriere diesem Ziel widmen. Jane Goodall hat unglaubliche Entdeckungen bei den Schimpansen gemacht. Aber wie sieht es mit den Fähigkeiten anderer Arten aus? Sind nur die Menschenaffen mit außergewöhnlichen Fähigkeiten ausgestattet? Verfügen andere Affen nicht über dieselben Fertigkeiten? Und was ist mit anderen Säugetieren? Was mit Vögeln und mit Wirbellosen? Was weiß man letztlich von Tieren, die noch nicht ausreichend untersucht wurden, um ihre Rolle in der Frage um die Evolution von Primaten und die menschlichen Ursprünge zu verstehen?

## Was ist Intelligenz, und wie vergleicht man Intelligenz bei verschiedenen Arten?

Über welche Fähigkeiten verfügten Lucy, die verschiedenen Arten des menschlichen Geschlechts und der gemeinsame Vorfahre von Schimpansen und Menschen? Weshalb ist Lucy ein Australopithecus und kein Mensch? Besitzen Menschen noch mehr Fähigkeiten als andere Primaten, um nicht zu sagen als andere Tiere? Wodurch zeichnet sich der Mensch aus? Die Fähigkeiten der Arten, untereinander zu vergleichen, ist

## Einleitung

ganz wesentlich, um Antworten auf diese Fragen zu finden, gegen gewisse vorherrschende Ansichten anzugehen und die menschliche Intelligenz besser hinterfragen zu können. Die Vorstellung, Menschen seien intelligenter als andere Arten, ist zunächst einmal ganz selbstverständlich im Verstand vieler Menschen verankert, bei gelehrten ebenso wie bei unkundigen. Bei den Wirbeltieren scheinen Säugetiere und Vögel am intelligentesten zu sein. Innerhalb der Säugetiergruppe werden Affen, Elefanten, Wale und Delfine als am intelligentesten eingestuft. Bei den Primaten scheinen die Menschenaffen (Schimpansen, Gorillas, Orang-Utans) intelligenter zu sein als Meerkatzenverwandte (Makaken, Meerkatzen etc.) und die Menschen intelligenter als Menschenaffen. Stimmen diese Behauptungen? Lässt sich die Intelligenz von so unterschiedlichen Arten überhaupt miteinander vergleichen? Menschen, die unter anderem des artikulierten Sprechens mächtig sind und über die Fähigkeit der Nachahmung und der »Theory of Mind« verfügen (also die Fähigkeit, Absichten anderer Personen zu erkennen), werden für gewöhnlich als die intelligentesten Tiere erachtet. Tatsächlich sehen sich die Menschen kategorisch als Referenzpunkt für jeden Vergleich, obwohl wir mit der Entstehung unserer recht jungen Gattung vor gerade mal drei Millionen Jahren doch einigen Abstand zur Entstehungsgeschichte des Lebens haben, die vor etwa vier Milliarden Jahren ihren Anfang nahm. Gewisse Kriterien, die man hinzuzieht, um Intelligenz nachzuweisen, führen jedoch unweigerlich dazu, menschliche Überlegenheit, aber auch

## Einleitung

Abweichungen innerhalb der menschlichen Familie herauszustellen. Das gilt zum Beispiel für die artikulierte Sprache: Früher sprach man Stummen das Denken ab, ebenso den Tieren.

Die Gattung Mensch wird folglich übergreifend als die intelligenteste Art erachtet, wobei unterschwellig immer die Idee anklingt, dass mit jeder neu auftauchenden Menschenspezies automatisch ein Zuwachs der Intelligenz einhergeht.

Diese Hierarchie der Intelligenz hängt von vielen Faktoren ab, als Allererstes von der Definition des Begriffs »Intelligenz«, die sich je nach Kultur (asiatisch, afrikanisch, abendländisch ...) oder Fachgebiet (Philosophie, Psychologie, Verhaltensforschung, Ökologie, Evolutionswissenschaft ...) deutlich voneinander unterscheiden kann. Es gibt keine universelle Definition von Intelligenz, und ganze Bücher könnten allein diesen Definitionen gewidmet sein. Wenn Intelligenz im engeren Sinn die Fähigkeit ausdrückt, etwas zu verstehen (*intelligere* auf Lateinisch), so legt eine der am gebräuchlichsten Definitionen nahe, dass Intelligenz ein Ensemble von mentalen Funktionen beschreibt, die zur konzeptuellen und rationalen Kenntnis beitragen.[2] Dies würde die Fähigkeiten beinhalten, argumentieren, planen, Probleme lösen und komplexe Zusammenhänge verstehen zu können, sowie in der Lage zu abstraktem Denken und schnellem, durch Erfahrung motiviertem Lernen zu sein. Aber wenn sich Intelligenz aus mehreren Komponenten zusammensetzt, wie soll man dann die Intelligenz verschiedener Arten miteinander vergleichen?

## Einleitung

In den Fachrichtungen in meinem Institut, wie Ökologie oder Evolution, ist Intelligenz ein Konzept, das sich nicht auf die Gesamtheit der tierischen Welt anwenden lässt, da sie durch semantische Kriterien aus dem Bereich des Menschen definiert wird und die meisten Definitionen Intelligenz und Sprache miteinander verknüpfen, folglich spezifisch für die Beurteilung der menschlichen Intelligenz sind. Daher schlage ich vor, ein Konzept der Intelligenz anzuwenden, das es erlaubt, diese hierarchische Pyramide außer Acht zu lassen und einen anderen Blick auf die Fähigkeiten von Menschen und anderen Tieren zu werfen. Wir verwenden dieses Konzept häufig, um die Evolution der Arten je nach Lebensraum zu verstehen: die Adaptation. In diesem Sinn verstehen wir unter Intelligenz die Fähigkeiten eines Individuums, sein Verhalten an den jeweiligen Kontext anzupassen. Um es genauer zu formulieren, würde ich sagen, in diesem Werk sprechen wir von Intelligenz als der Fähigkeit, flexibel auf neue oder komplexe Situationen zu reagieren.

## Was Sie beim Lesen dieses Buchs erwartet

Lange wurde Intelligenz als eine für den Menschen spezifische Eigenschaft erachtet, die ihnen die Fähigkeit verleiht, sich etwas vorzustellen, zu denken, zu entscheiden, komplexe Verbindungen zwischen Ursachen und Auswirkungen herzustellen oder aber elaborierte Strategien aufzustellen, um Probleme zu lösen. Dabei ist die Intelligenz in gleichem Maße wie viele andere Eigenschaften das Erzeugnis von evolutiven Veränderungen.[3] Allerdings darf man diese Evolution der Intelligenz auf keinen Fall als einen notwendigen Prozess und noch weniger als einen einspurigen Prozess ohne Abzweigungen erachten. Vermutlich hat sich die Intelligenz vieler Arten über Millionen Jahre hinweg nur sehr wenig entwickelt, weil ihr Lebensraum keine Notwendigkeit für eine besondere Adaptation dargestellt hat und umgekehrt. Intelligenz als Adaptation angesichts der natürlichen Auslese zu betrachten, kann ebenso erforscht werden wie jede andere Adaptation, wie zum Beispiel das Hüpfen von Fröschen, das Gift von Schlangen oder aber die 1.260 Herzschläge pro Minute des Kolibris. Im Gegensatz zu physiologischen oder morphologischen Adaptationen fossilisiert Verhalten jedoch leider nicht. Bestenfalls haben wir einzig durch indirekte und verstreute Indizien (Fossile und nicht vergängliche Werkzeuge) Zugang zur Intelligenz vergangener Arten. Aber die Evolution der Intelligenz kann durch eine Vergleichsstudie der Tiere von heute angegangen werden. Wir versuchen, die Gegenwart zu verstehen, und hoffen, so einen Blick auf die Vergangenheit zu erhaschen.

Dieses Buch stellt unterschiedliche Strategien vor, die Individuen verschiedener Arten je nach Kontext einsetzen. Genau wie sich ein ganzes Buch allein dem Thema der Definitionen von Intelligenz widmen könnte, reicht auch ein Buch nicht aus, um alle intelligenten Verhaltensweisen von Tieren aufzuzeigen. In diesem Buch sind Verhaltensbeispiele aufgeführt, die

## Einleitung

unter anderem aus meinen Beobachtungen resultieren. Es soll dazu dienen, einen anderen Blick auf die Fähigkeiten der Tiere und die menschliche Intelligenz zu werfen und das, was den Menschen vor etwa drei Millionen Jahren hervorgebracht hat, aus einem anderen Blickwinkel heraus zu betrachten. Dieses Werk soll Ihnen aufzeigen, dass die Behauptung, laut der der Mensch das intelligenteste Wesen von allen sei, im Hinblick auf die Evolution und je nach Kontext nicht viel Sinn ergibt. Es verweist den Menschen wieder an seinen Platz im Tierreich und nicht notwendigerweise an die Spitze der Pyramide, damit die Gemeinsamkeiten und Unterschiede der Arten so objektiv wie möglich erörtert werden können. Die Intelligenz ist vermutlich die einzige Adaptation, die eine Art dazu gebracht hat, gewissermaßen eine Dominanz über die natürliche Welt zu etablieren. Dennoch hält sich der berechtigte Zweifel, ob besagte Art in der Lage ist, ihr eigenes Überleben und das anderer zu sichern. Dieses Buch stützt sich auf 20 Jahre Felderfahrung, häufig in Begleitung meiner Studenten, und auf die unzähligen Arbeiten wissenschaftlicher Kollegen, und als solches gefährdet es ernsthaft das Fortbestehen weit verbreiteter Ansichten über das Tierreich, seine Hierarchie und die menschliche Intelligenz.

 Kapitel 1

# Die Intelligenz, eine rein menschliche Besonderheit?

## Ein kleiner Hinweis unter Freunden

Will man den Ursprung des Menschen, der menschlichen Besonderheiten und der etwaigen Besonderheiten seiner Intelligenz verstehen, dann stolpert man gleich zu Beginn über ein größeres Problem, das auch heute noch für heftige Diskussionen sorgt: Wie definiert man einen Menschen?

## Was ist der Mensch?

Der Mensch ist ein Tier. Genauer gesagt ist er ein Primat. Von der ökologischen Warte aus gesehen ist der Mensch ein tagaktiver, allesfressender Spitzenprädator, der in komplexen gesellschaftlichen Systemen lebt. Und nein, der Mensch stammt nicht vom Affen ab – schließlich zählt die Mehrheit der internationalen Gemeinschaft von Primatenforschern und

Paläoanthropologen ihn zu genau dieser Gruppe! Tatsächlich haben wir viele Gemeinsamkeiten mit den anderen Affen. Dementsprechend werden Menschen innerhalb der Familie der Hominiden eingegliedert, die neben dem Menschen – der heutigen Art wie auch ausgestorbenen – Schimpansen, Bonobos, Gorillas und Orang-Utans umfasst.[1] Folglich ist der Mensch ein Menschenaffe oder gehört zumindest zur selben Familie. Aber das hindert ihn natürlich nicht daran, unzählige Unterschiede zu den anderen Mitgliedern seiner Familie aufzuweisen. Der Mensch von heute unterscheidet sich von den anderen Tieren durch seinen aufrechten Gang. Außerdem besitzt er Ohren, ein Gesicht, einen Unterkiefer und einen nicht sehr ausgeprägten Überaugenwulst. Darüber hinaus lässt sich eine (für gewöhnlich!) schwache Behaarung feststellen, mit Ausnahme von Kopf, Achseln, Schambein und dem Bartwuchs bei den männlichen Spezies. Trotzdem besteht an unserer Verwandtschaft zu den Schimpansen gar kein Zweifel. Manche Wissenschaftler schlagen – unter anderem basierend auf der genetischen Nähe – sogar vor, den Menschen *(Homo sapiens)* und die Schimpansen *(Pan troglodytes)* in einer einzigen Gruppe zu vereinen: *Homo*.[2] Die Schimpansen könnten somit wissenschaftlich als *Homo troglodytes* bezeichnet werden, es sei denn, man wäre noch etwas kecker und würde sie *Pan sapiens* nennen, wie das bereits vorgeschlagen wurde![3] Unterdessen zählen Menschen allgemein zur Gattung *Homo*, und alle heutigen Menschen werden den *Homo sapiens* zugeordnet. In der Vergangenheit folgten viele menschliche Arten aufeinander oder existierten bisweilen zeitgleich, wie der *Homo sapiens* und der *Homo neanderthalensis*, die in dem Zeitraum von vor 250.000 bis 28.000 Jahren Zeitgenossen waren (man spricht hier sogar von Hybridisierung). Die etwas ältere Lucy (3,3 Millionen Jahre), scheint sich nicht beständig im aufrechten Gang fortbewegt zu haben, sondern noch in den Bäumen herumgeklettert zu sein. Aus diesem Grund wird sie nicht direkt der menschlichen Linie zugewiesen, sondern der Gattung der Australopithecus *(Australopithecus afarensis)*. Den ersten Arten, die hingegen der Gattung *Homo* zugewiesen werden *(Homo rudolfensis, Homo habilis)*, aufgetaucht vor etwa 2,4 Millionen Jahren in Afrika, werden menschliche Charakteristika zugesprochen, darunter ein größeres Gehirnvolumen (über 550 cm$^3$), Hände, die zur Herstellung von Werkzeug aus Stein geeignet sind, sowie der beständige aufrechte Gang.

## Der Mensch, dieser Primat

Folglich ist der Mensch also ein Tier, genauer gesagt ein Primat. Aber wo genau ist sein Platz, und wer bestimmt ihn? In der Ordnung der Primaten (aus dem Lateinischen *primas*, was so viel bedeutet wie: »der den ersten Platz, innehat«) gehört er zu den Höheren Säugetieren. Man unterscheidet die Primaten von anderen Säugetieren anhand von charakteristischen Merkmalen, wie dem opponierbaren Daumen, dem Vorhandensein von Nägeln (bei den allermeisten), einem relativ flachen Gesicht, dem räumlichen Sehen oder auch der Eigenheit, dass bei den meisten die oberen Gliedmaßen (also Arm, Unterarm und Hand) größer sind als die unteren Gliedmaßen (Oberschenkel, Unterschenkel und Fuß). Die über 250 Arten der Primaten heutzutage teilen sich in zwei große Gruppen auf: Feuchtnasenprimaten (Lemuren, Loris, Galagos) und Trockennasenprimaten (oder Affen), zu denen man die Menschenaffen zählt, Hominiden genannt, unter ihnen auch der Mensch. Genau genommen gruppieren sich unter den Affen etwa hundert so unterschiedliche Arten wie Marmosetten, Tamarine, gewöhnliche Totenkopfaffen, Makaken, Paviane, Stummelaffen, Schimpansen oder auch Gorillas. Alle haben ihre Eigenheiten, sowohl in morphologischer Hinsicht als auch was das Verhalten betrifft. Es gibt ebenso viele unterschiedliche Verhaltensformen, wie es Affen gibt, und das, was auf eine Art zutrifft, muss bei einer anderen nicht zwingend gelten. Eine Entdeckung bei einer Art (wie zum Beispiel bei den Pavianen) darf keineswegs verallgemeinernd auf alle Affen angewandt werden. Paviane stehen nicht stellvertretend für »den« Affen.

So ist der Mensch ein Primat mit der Nase eines Koboldmakis, seine Nasenlöcher zeigen nach unten wie bei den Stummelaffen oder den Pavianen, und er besitzt, ebenso wie die Gibbons, die Gorillas, die Schimpansen, die Bonobos oder die Orang-Utans, keinen Schwanz. Die gemeinsamen Punkte zeigen sich im Verhalten (Spielen, Pflege des Nachwuchses, Lernen, Bestimmen einer Rangordnung). Es reicht, die Menschenaffen zu beobachten, die Makaken, die Paviane, die Tamarine oder auch die Lemuren, um das zu verstehen. Beobachten Sie, wie Schimpansen miteinander spielen, wie die Muttertiere der Orang-Utans ihre Jungen beschützen; beobachten Sie, wie sich männliche Tamarine um ihren Nachwuchs kümmern oder auch wie Gorillas oder Paviane versuchen, den Chef der Gruppe zu stürzen.

## Die Besonderheiten des Menschen

Die Definition des Menschen ist das Herzstück des größten wissenschaftlichen Rätsels: des menschlichen Ursprungs. Im Gegensatz zu dem, was man annehmen könnte, sind hier noch viele Fragen offen. Lassen Sie es uns vereinfachen und sagen, die Paläoanthropologen haben Fossilien zur Gattung Mensch gezählt, sobald sie über ein höheres Gehirnvolumen verfügten (über 550 $cm^3$), Merkmale für einen beständigen aufrechten Gang aufwiesen, die Fähigkeit besaßen, Steinwerkzeug herzustellen, oder an einem Ort gefunden wurden, an dem auch Steinwerkzeug vorhanden war. Die Gesamtheit dieser Merkmale steht mehr oder weniger mit dem in Verbindung, was wir in diesem Buch als Intelligenz bezeichnen.

Betrachten wir zunächst einmal das Gehirnvolumen, also die 550 $cm^3$ oder mehr, wenn man den Schätzungen für den *Homo habilis* Glauben schenkt, der als erste menschliche Art erachtet wird. Die Größenzunahme des Gehirns im Lauf der

Entwicklung der Gattung *Homo* ist eine Tatsache. Es ist nachgewiesen, dass das Gehirn proportional zum körperlichen Wuchs größer wurde. Genauer gesagt scheint der obere und vordere Bereich des Gehirns (im Bereich der Stirn) größer geworden zu sein, faltete sich und schuf neue Windungen. Dieser Bereich, der Neocortex, ist der Sitz der übergeordneten geistigen Fähigkeiten, wie räumlichem Denken, Sprache oder auch Bewusstsein und Erinnerung. Zum Verständnis: Der Neocortex repräsentiert 20 Prozent vom Gewicht des Gehirns einer Spitzmaus, wohingegen es beim Menschen 80 Prozent sind. Dieser Neocortex scheint ein Privileg der Säugetiere zu sein und fehlt offenbar bei Fischen, Amphibien oder Vögeln. Dabei sind diese Tiere durchaus in der Lage, intelligentes Verhalten zu beweisen, wie wir etwas später noch sehen werden. Tatsächlich muss man hier mit schnellen Schlüssen vorsichtig sein, denn selbst Gattungen, die keine enge Verwandtschaft aufweisen, wie zum Beispiel der Mensch und der Vogel, und auch ganz unterschiedliche Morphologien haben, können aus denselben Zellen bestehen, die nur anders strukturiert und angeordnet sind.[4] Das Gehirnvolumen demzufolge mit dem Verhalten oder gar der Intelligenz zu assoziieren, ist ein äußerst fragliches Unterfangen. Um das zu bewerkstelligen, müsste man eine Verbindung zwischen Intelligenz, der eigentlichen Struktur des Gehirns (Organisation, Anzahl der Synapsen …) und dem damit verbundenen Verhalten herstellen, was anhand des Studiums von Fossilien unmöglich ist. Wir können also eine Zunahme des Gehirnvolumens festhalten, sie allerdings mit der Entwicklung von besonderen kognitiven Fähigkeiten gleichzusetzen, scheint schwierig. Umso mehr, als neuere Studien zeigen, dass das menschliche Gehirn gar nicht so einzigartig ist und auch seine Größe nicht so stichhaltig dafür spricht, die Intelligenz damit zu koppeln. Studien über die Zellkomposition des Gehirns von Menschen, anderen Primaten, Nagetieren, Insektenfressern und Vögeln zeigen tatsächlich, dass man durch die Größe des Gehirns nicht länger auf die Anzahl der Neuronen schließen kann.[5] Vögel haben zum Beispiel eine Vielzahl Neuronen im Pallium, einer Region des Gehirns, die für kognitive Funktionen wie dem Planen der Zukunft steht. Dementsprechend verfügen sie im Vergleich zu Primaten, trotz ihres bisweilen vermeintlich kleinen Gehirns, über eine ähnliche, um nicht zu sagen größere Neuronenanzahl im Vorderhirn.[6] Dabei stellen die Neuronen das Fundament der kognitiven Fähigkeiten dar. Folglich scheint es also angemessener, die kognitiven Fähigkeiten – und somit die Intelligenz – in Bezug zur Neuronenzahl zu stellen statt zur Größe des Gehirns. Die daraus folgenden Ergebnisse zeigen ohne jeden Zweifel, dass die Zellkomposition des menschlichen Gehirns nicht außergewöhnlich ist und sein angeblich überentwickelter Cortex nur 19 Prozent der Neuronen des Gehirns beinhaltet (und nicht 80 Prozent, wie man zuvor angenommen hatte), ein Prozentsatz also, wie man ihn auch bei anderen Säugetieren vorfindet. Sich in einem solchen Kontext auf das Gehirnvolumen zu berufen, um den Menschen zu definieren, erscheint äußerst fraglich. Wie sollen 20 cm$^3$ für den

Unterschied zwischen dem ersten Menschen (*Homo habilis*, 550 cm$^3$) und einem Australopithecus (*Australopithecus africanus*, zwischen 450 und 530 cm$^3$) verantwortlich sein, den man als Primaten und nicht als Menschen erachtet?

Wenden wir uns dem Beispiel des aufrechten Gangs zu. Wir sind die einzige Art, die sich heutzutage permanent auf beiden Beinen fortbewegt, mit Ausnahme von Vögeln, allerdings praktizieren sie aufgrund der Ausrichtung ihres Beckens und des Vorhandenseins von Flügeln einen völlig anderen Gang als wir. Andere Primaten, wie Wollaffen, Kapuzineraffen, Gorillas oder Bonobos, können sich bisweilen über lange Strecken auf zwei Beinen fortbewegen, allerdings tun sie das nicht kontinuierlich. Makaken erlernen den aufrechten Gang ebenfalls problemlos im Labor, doch nur die Gattung Mensch richtet sich im Lauf ihrer Entwicklung auf, um sich dann als Erwachsener permanent auf zwei Beinen fortzubewegen.[7] Dieser aufrechte Gang wird indirekt dazu benutzt, um die Verbindung zwischen dem Menschen und der Intelligenz herzustellen. In der Tat bedeutet der aufrechte Gang für viele Wissenschaftler, dass die Hände von ihrer Funktion der Fortbewegung entbunden wurden und frei agieren können. Und wer von freien Händen spricht, meint damit Hände, die erste Werkzeuge handhaben oder herstellen können, ein weiteres Kriterium für Intelligenz, das benutzt wird, um *habilis* der menschlichen Gattung zuzuordnen. Dabei waren zahlreiche Arten in der Vergangenheit (der *Australopithecus* zum Beispiel) im aufrechten Gang unterwegs, obwohl sie auf Bäumen lebten, und nichts lässt vermuten, dass sie nicht in der Lage gewesen wären,

Werkzeuge herzustellen. Außerdem ist der aufrechte Gang überhaupt nicht notwendig, um Werkzeug herzustellen und zu benutzen, wie uns das nächste Kapitel veranschaulicht.

## Die Primaten, diese Tiere

Wenn wir den Menschen häufig irrtümlicherweise in der Hierarchie über alle anderen Primaten stellen, dann begehen wir damit gleichzeitig den Fehler, die Primaten über alle anderen Tiere zu stellen. Woher kommt diese Ansicht? Welche Argumente sprechen unserer Meinung nach dafür? Um diese Fragen beantworten zu können, müssen wir erst einmal definieren, was überhaupt ein Tier ist.

Tiere sind Eukaryoten (Lebewesen, deren Zellen einen echten Kern haben), Mehrzeller und heterotrophe Organismen (sie müssen sich von organischen Komponenten ernähren). Sie umfassen Wirbellose, wie Gliederfüßer und Kopffüßer, und Wirbeltiere, wie Reptilien, Amphibien, Säugetiere oder Vögel. Manche Wirbellose haben ein externes Skelett (Exoskelett), die Wirbeltiere hingegen sind mit einem Knochenskelett im Inneren sowie mit einer Wirbelsäule versehen. Säugetiere besitzen ein Fellkleid und säugen ihren Nachwuchs. Primaten zeichnen sich in den meisten Fällen durch einen opponierbaren Daumen und das Binokularsehen aus. Von den genannten Tierarten zeigen einige erstaunliche Verhaltensweisen, wie wir in diesem Buch sehen werden.

All diese Tiere verfügen über morphologische, physiologische und verhaltenstypische Merkmale, und kein Vorurteil darf uns beeinflussen, wenn wir ihre Fähigkeiten zur Adaptation und ihre Intelligenz beurteilen wollen. Der Mensch gehört ebenso zu den Eukaryoten wie zum Beispiel Pflanzen, zum Tierreich wie Kraken, zu den Wirbeltieren wie Vögel, zu den Säugetieren wie Otter und zu den Primaten wie Lemuren. In vielen Köpfen ist die Idee verankert, dass mit der Evolution eine zunehmende Komplexität einhergehe, allerdings sollte man wissen, dass das Gehirn eines Fisches deutlich komplexer ist als das eines Primaten! Wenn sich der Mensch darüber hinaus durch das Werkzeug definiert, insbesondere die Herstellung von Steinwerkzeug, wie soll man dann erklären, dass andere Tiere zu ebensolchem Verhalten fähig sind? In den folgenden Kapiteln werden wir dementsprechend versuchen, uns der tierischen Intelligenz und der Entwicklung in ihrer Gesamtheit und in ihrer ganzen Fülle anzunähern und nicht innerhalb einer erdachten Pyramide, mit einer Tendenz zur Überlegenheit der Primaten und insbesondere der Menschen, denn die Realität sieht ganz anders aus.

## Wer hat die ersten Steinwerkzeuge hergestellt?

Sehr lange galten Steinwerkzeug und aufrechter Gang als Kriterien, um einen Menschen zu definieren, sodass man, wann immer ein Handfossil in Verbindung mit Werkzeug entdeckt wurde, sofort zu der Schlussfolgerung kam, es müsse sich obligatorisch um eine menschliche Art handeln (wie im Fall des *Homo habilis*).[8] Dabei gibt es keinen Beweis dafür, dass das Werkzeug von Menschen erfunden wurde. Darüber hinaus existieren sehr viele Definitionen für das Werkzeug.[9] Eine der allgemein anerkanntesten besagt, dass Werkzeuggebrauch dann vorhanden ist, wenn »der externe Gebrauch eines aus dem Umfeld losgelösten Gegenstandes dazu dient, nachhaltig die Form, Position oder den Zustand eines anderen Gegenstands, eines anderen Organismus oder des Benutzers selbst zu modifizieren, wenn der Benutzer das Werkzeug festhält oder transportiert, bevor es zum Einsatz kommt, und wenn er für eine sinnvolle, zielführende Ausrichtung des Werkzeugs sorgt«.[10] Um das zu vereinfachen, halten wir fest, dass ein Werkzeug ein Gegenstand ist, der verwendet wird, um Position oder Form eines anderen Gegenstands oder eines Individuums zu verändern. Über viele Jahrzehnte hinweg ist der *Homo habilis* unumstritten als der Erste erachtet worden, der ein Werkzeug aus Stein herstellte. Warum? Weil weithin anerkannt war, dass die menschliche Hand einzigartig sei und nur jemand der Gattung Mensch ein Steinwerkzeug herstellen könne. Und weil nur die menschliche Linie über kognitive und funktionelle Fähigkeiten verfüge, derartige Werkzeuge herzustellen. Aber ist dem tatsächlich so? Welchen Aufschluss bekommen wir durch die Archäologie?

Die ersten Steinwerkzeuge tauchen in archäologischen Grabungsstätten auf, die 2,6 Millionen Jahre alt sind, wie eine 1997 veröffentliche Studie zeigt.[11] Die ältesten, dem *Homo* zugeschriebenen Fossilien datieren von vor 2,4 bis 2,3 Millionen Jahren. Folglich kam vor 20 Jahren die Überlegung auf, ob die Herstellung von Werkzeug aus Stein vielleicht anderen Hominiden als dem *Homo* zuzuschreiben ist.[12] Das hindert viele Paläoanthropologen aber nicht daran, seit Jahrzehnten zu behaupten, die Herstellung von Werkzeug beschränke sich allein auf die Gattung *Homo*. Und dies wiederum ist einer der Gründe, weshalb die Fossilien des berühmten *Homo habilis* zur Gattung Mensch gezählt werden.

Es geht allerdings noch verwirrender. 2010 werden Schneidespuren an einem Knochen (Äthiopien) analysiert, die über 3,4 Millionen Jahre alt sind.[13] Diese Entdeckung datiert den möglichen Ursprung des Steinwerkzeugs sehr viel weiter zurück, als bislang angenommen wurde, und lässt vermuten, dass zahlreiche Arten von Hominiden dazu fähig waren, diese Werkzeuge herzustellen. Anders ausgedrückt, es gibt keinen Grund, weshalb die ersten Steinwerkzeuge nicht vom Australopithecus, zu denen Lucy gehörte, hergestellt worden sein sollten. 2015, ein paar Jahre später, werden in der Grabungsstätte Lomekwi in Kenia zahlreiche Werkzeuge mit behauenen Steinen gefunden. Ihre Datierung? Sie sind 3,3 Millionen Jahre alt, das heißt, sie sind etwa 700.000 Jahre älter als die ältesten bis dahin entdeckten Werkzeuge und 500.000 Jahre älter als die ersten menschlichen Funde.[14]

Wer hat diese Werkzeuge hergestellt? In welcher Umgebung? Man kennt Fossilien des Australopithecus aus dieser

Zeit, allerdings lag ihr Fundort in Äthiopien. Der Kenyanthropus wiederum scheint derselben geografischen und chronologischen Zone wie die entdeckten Werkzeuge zu entstammen. Das Problem dabei: Es gibt von ihm bisher nur ein bekanntes Fossil (Schädel), dessen genaue Zuordnung noch dazu umstritten ist. Ein weiterer interessanter Punkt – diese Werkzeuge tauchen in einer bewaldeten Umgebung auf: Durch diese Entdeckung wird die bisherige Annahme von der Verbindung zwischen den ersten Werkzeugen und der offenen Savanne infrage gestellt, die Ursprünge des Steinwerkzeugs in einem neuen Licht betrachtet, die Bedeutung der Savanne für das Auftauchen des ersten Werkzeugs kritisch erörtert, und zu guter Letzt wird endlich die menschliche Überlegenheit hinterfragt; das alles von einem rein archäologischen Standpunkt aus. Der Schöpfer dieser Werkzeuge bleibt für den Moment ein Rätsel, sicher ist jedoch, dass die Menschen nicht als einzige Kandidaten für das Herstellen von Werkzeug in Betracht kommen und dass nach wie vor noch viele Fragen unbeantwortet sind.

## Homo oder nicht Homo?

Hat der *Homo habilis*, also der »Handy Man«, Werkzeuge hergestellt? So manch einer stellt sich diese Frage. Gewisse Aspekte der Morphologie seiner Hand und seines Skeletts wurden bislang nämlich als höchst primitiv beschrieben.[15] Selbst wenn der *Homo habilis* über morphologische Charakteristiken des

Skeletts verfügt, die einen aufrechten Gang vermuten lassen, so ist doch die Tatsache nicht zu leugnen, dass er ebenfalls lange obere Extremitäten[16] und gekrümmte Fingerglieder besitzt. Lauter Indizien, die man zum Beispiel bei den Orang-Utans oder den Schimpansen wiederfindet. Das bedeutet, dass der *Homo habilis* trotz des aufrechten Gangs durchaus in der Lage gewesen sein müsste, auf Bäume zu klettern.[17] Eine Art, die über den aufrechten Gang verfügt, sich aber dennoch von Baum zu Baum hangeln kann: Erinnert das nicht sehr stark an einen Australopithecus? Die Australopitheci sind zu der Zeit zugegen, zu der das Steinwerkzeug aufgetaucht sein soll. Vor 3,4 und 2,6 Millionen Jahren koexistierten nämlich verschiedene Arten, die möglicherweise mit der Gattung *Homo* und den verschiedenen Arten von Australopitheci, darunter Lucy, verwandt sind. Aber wäre es dann nicht möglich, dass die Australopitheci und nicht der *Homo habilis* diese ersten Werkzeuge hergestellt haben? Es sei denn, der *Homo habilis* ist gar kein Mensch, sondern ein Australopithecus? Oder ist das menschliche Geschlecht vielleicht älter, als man angenommen hatte?

## Wenn der aufrechte Gang und das Werkzeug zusammenkommen

Die Bewegungsmöglichkeiten der menschlichen Hand, die im Tierreich als einzigartig und unübertroffen erachtet werden, faszinieren die Philosophen schon mindestens seit der Antike und die Wissenschaftler seit Darwin.[18] Letzten Endes haben sich die Diskussionen darum nicht sonderlich gewandelt, auch wenn sich die Ansichten im Lauf der Entdeckungen natürlich verändert haben. Für den Athener Philosophen Anaxagoras ist der Mensch das intelligenteste Tier, weil er Hände besitzt. Für Aristoteles besitzt der Mensch Hände, weil er der Intelligenteste ist. Alles Ansichtssache ... Laut ihm stellt die Hand ein oder gar mehrere Werkzeuge dar, weil sie alles festhalten kann, und verleiht die Natur allen das Organ, dessen sie sich bedienen können.[19] Darwin geht sogar noch weiter. Er schlägt vor, dass die menschlichen Hände nunmehr mit dem Werkzeug beschäftigt sind und nicht länger mit der Fortbewegung in den Bäumen. Sie seien also gewissermaßen von der Aufgabe der Fortbewegung befreit und begünstigten das Auftauchen des aufrechten Gangs. Seit Darwin schließen sich viele Wissenschaftler dieser Idee an, oder aber sie gehen vom Gegenteil aus: Der aufrechte Gang hätte die Hand von ihrer Aufgabe der Fortbewegung von Ast zu Ast befreit, damit sich ihr die Möglichkeit der Handhabung von Gegenständen und der Herstellung von Werkzeug auftat. Noch heute legen zahlreiche Hypothesen nahe, dass die Tatsache, die Hände nicht mehr für die Fortbewegung benutzen zu müssen, sondern sich beständig auf zwei Beinen zu bewegen, direkt mit den einzigartigen Fähigkeiten der menschlichen Hand in Verbindung steht: eine Vielzahl von präzisen Greifmöglichkeiten (zwischen den Fingerspitzen), unterschiedlich kräftiges Zugreifen und die Manipulation von Gegenständen mithilfe der Finger auch nur einer Hand. Aber wie so oft in der Wissenschaft ist es nicht ganz so einfach. Zunächst einmal existierten zu der Zeit, zu der die Steinwerkzeuge auftauchen, mehrere Arten gleichzeitig nebeneinander, von denen angenommen wird, dass sie sich in Bäumen fortbewegten und über den aufrechten Gang verfügten. Und wie wir noch sehen werden, stellen auch andere in Bäumen lebende Tiere Steinwerkzeuge her. Wir können außerdem nicht ausschließen, dass die ersten Werkzeuge nicht doch solche aus pflanzlichem Material (insbesondere aus Holz) gewesen sein könnten, so wie sie auch heute noch vom Menschen oder von anderen Tieren hergestellt werden, und dass diese nicht älter sind als die Werkzeuge aus Stein und somit zeitgleich mit den im Baum lebenden Arten aufgetaucht sind. Bis heute sind die ältesten bekannten Holzwerkzeuge Speere und zweiseitig zugespitzte Wurfhölzer aus Fichte und Kiefer, entdeckt in Schöningen (Deutschland). Sie sind über 300.000 Jahre alt und werden dem *Homo heidelbergensis* oder *Homo neanderthalensis* zugeschrieben.[20] Doch nichts sagt uns, dass die aus dem Mittelpaläolithikum (zwischen 300.000 und 30.000 Jahren v. Chr.) bekannten Werkzeuge wie Speere oder Spitzen aus verrottenden Materialien nicht schon früher existiert haben. Außerdem erweckt es ganz den Eindruck, als wäre die menschliche Hand doch nicht so einzigartig und als wären andere Arten ebenfalls in der Lage, die Finger präzise und unabhängig voneinander einzusetzen.[21] Die Beobachtung von zeitgenössischen Arten, die Werkzeug benutzen, zeigt, dass die Trennung zwischen den landlebenden und arboricolen (auf Bäumen lebenden) Arten alles andere als nachgewiesen ist.

Kleiner Hinweis unter Freunden

## Warum die Archäologie nicht ausreicht

Die archäologischen Spuren sind von entscheidender Bedeutung, um die Technologie der ersten Hominiden und den Gebrauch der Hand zu verstehen. Die Resultate von archäologischen Grabungen haben ergeben, dass die ältesten identifizierten Steinwerkzeuge vor 3,3 Millionen Jahren aufgetaucht sind. Diese Entdeckungen zeigen, dass sich Herstellung und Gebrauch von Werkzeugen zumindest bei einer Art von Hominiden zu dieser Zeit entwickelt haben. Allerdings sieht sich die Archäologie mit zwei impliziten Beschränkungen konfrontiert. Zunächst können Archäologen nur das untersuchen, was in den archäologischen Überresten zu finden ist; außerdem können sie einen Gegenstand nur dann als »Werkzeug« definieren, wenn selbiger modifiziert wurde.[22] Werkzeuge, die nicht verändert wurden (unbehauener Stein) oder aus Materialien entstanden sind, die mit großer Wahrscheinlichkeit im Lauf der Zeit zerfallen (wie zum Beispiel Holz), sind verloren. Anders ausgedrückt, wenn *Orrorin tugenensis* vor etwa sechs Millionen Jahren (also deutlich vor dem *Homo habilis*) unbehauene Steine oder ein Stück Holz verwendet hat, um Nüsse zu knacken, wie das ein Schimpanse tut, dann werden wir das nie erfahren. Auch die Steinwerkzeuge den jeweiligen Hominini-Arten zuzuschreiben, die sie hervorgebracht haben, stellt eine beachtliche archäologische Herausforderung dar. Selbst wenn die Überreste der Hominini und der Steinwerkzeuge an einem gemeinsamen Fundort aufgetaucht sind, kann man doch nur schwer festlegen, ob sie zum Jäger (dem, der das Werkzeug hergestellt hat) oder zum Gejagten (der Beute von anderen zeitgenössischen Hominini) gehören.

Man müsste also die anatomischen Eigenschaften der Hand identifizieren, die mit der Herstellung von Werkzeug assoziiert werden. Das Problem dabei: Wir bräuchten fossile Hände, die möglichst komplett und gut erhalten sind. Doch trotz aller Bemühungen und der leidenschaftlichen Beharrlichkeit von den Paläoanthropologen gibt es das höchst selten. Die meisten der fossilen Hände von Hominini stellen isolierte Überreste dar und können keinem Individuum oder einer besonderen Art zugeordnet werden. Selbst bei der außergewöhnlichen Lucy sind nur zwei von den 27 Handknochen erhalten. Schlimmer noch, fossile Hände sind häufig zusammengesetzte Hände, das heißt Rekonstitutionen mit verschiedenen Knochen, von denen wir noch nicht einmal wissen, ob sie zum selben Individuum oder gar zur selben Art gehören. Häufig sind diese Reste auch nur sehr fragmentarisch und schlecht erhalten. Beim Handy Man *(Homo habilis)* trifft genau das zu. Das macht es äußerst schwierig, seine Hand zu untersuchen und Rückschlüsse auf eine Verbindung zwischen ihren anatomischen Eigenschaften und der Herstellung von Werkzeug zu ziehen. Manchmal geschehen jedoch kleine Wunder, Entdeckungen, die die ganze Debatte erneut aufwerfen ...

Wir sind im Jahr 2010 in der Malapa-Höhle in Südafrika. Das Team um Lee Berger fördert eine neue Art Hominini zutage, die in etwa zwei Millionen Jahre alt ist. Ihr Name:

## Kleiner Hinweis unter Freunden

*Australopithecus sediba*. Die Überreste bestehen aus zwei gut erhaltenen und nahezu vollständigen Skeletten, darunter auch die bislang vollständigste Hand eines Hominini: 20 der 27 Knochen sind vorhanden![23] Das Fesselnde am *Australopithecus sediba* ist, dass er nach den ersten, durch archäologische Funde verzeichneten Steinwerkzeugen (3,3 Millionen Jahre), aber vor dem Auftauchen einer körperlichen Erscheinung menschlichen Typs (1,7 Millionen Jahre) gelebt haben muss. Gewisse Merkmale (die oberen Gliedmaßen) machen ihn zu einer im Baum lebenden Art, andere wiederum (die unteren Gliedmaßen) weisen auf einen aufrechten Gang hin. Als weitere erstaunliche Tatsache verfügt er über einen sehr langen Daumen, der dem des Menschen von heute deutlich ähnlicher ist als der des *Homo habilis*. Er ist also ein Zeitgenosse des *Homo habilis*, ausgestattet mit einem Daumen, der an den des heutigen Menschen erinnert, obwohl er ein Australopithecus ist . .

Wieder sehen wir uns mit demselben Dilemma konfrontiert: Entweder konnten Australopiteci erste Steinwerkzeuge herstellen, oder Handy Man ist kein *Homo*, oder die anatomischen Eigenschaften des Daumens sind nicht relevant, um auf die Herstellung von Steinwerkzeug zu schließen. Alle drei Ansätze sind denkbar! In jedem Fall aber ist mit dem *Australopithecus sediba* zum ersten Mal die Möglichkeit gegeben zu verstehen, wie die ersten Hominini die Hände benutzten, nämlich sowohl um sich fortzubewegen (zum Teil von Ast zu Ast) als auch um zu greifen. Leider und trotz aller Anstrengungen und

Investitionen von Paläoanthropologen ist der *Australopithecus sediba* bislang eine einmalige Entdeckung.

Angesichts aller zum Teil unlösbaren Schwierigkeiten, auf die man trifft, um Fossilien zu interpretieren, ist es unabdingbar, sich auch den heutigen Tieren zuzuwenden, um die Vergangenheit zu verstehen. Wir müssen herausfinden, welche Arten in welchem Kontext Werkzeug herstellen und verwenden und inwiefern das ein Indikator für Intelligenz ist. Versteht man diese Punkte, dann kann das unsere Wahrnehmung der Entwicklung von Intelligenz und dieser angeblichen menschlichen Besonderheit verändern.

## Primaten und Steinwerkzeug

Die Herstellung von Steinwerkzeug wird größtenteils und häufig ausschließlich den Menschen zugeschrieben. Wie praktisch, schließlich ist von jetzt an bekannt, dass auch andere Tiere Werkzeuge benutzen, folglich ist es unmöglich, weiterhin dieses Argument vorzubringen, um den Menschen von anderen Tieren zu unterscheiden. Also wird die Herstellung von Werkzeugen aus Stein oftmals nur benutzt, um die Besonderheit, um nicht zu sagen die menschliche Dominanz aufzuzeigen. Zudem wird die Fähigkeit, Steinwerkzeug herzustellen, mit der anatomischen Beschaffenheit der Hand assoziiert, die angeblich für den Menschen spezifisch ist: langer gegenübergestellter Daumen, versehen mit einem langen Beugemuskel, breite Spitzen der letzten Fingerglieder (Endphalanx) oder auch präzises, kraftvolles Greifen zwischen Daumen und Zeigefinger. Daher müsse man davon ausgehen, dass nur der Mensch diese Eigenheiten besitzt und keines der anderen Tiere in der Lage ist, Steinwerkzeug herzustellen. Doch die vorgebrachten anatomischen Eigenschaften, mit deren Hilfe die menschliche Hand definiert wird und die darüber hinaus mit dem Herstellen von Steinwerkzeug assoziiert sind, können aus verschiedenen Gründen infrage gestellt werden.

Ein ganz wesentlicher Grund, der eine große wissenschaftliche Herausforderung darstellt und dem sich viele von uns jeden Tag zu stellen versuchen, ist folgender: Es ist überaus schwierig, mit Sicherheit zu sagen, ob eine anatomische Eigenschaft tatsächlich funktionierte oder nicht. Nur weil ich zum Beispiel gebogene Fingerglieder habe, heißt das nicht, dass ich zwangsweise auf Bäume klettere. Vielleicht habe ich diese Eigenschaft vererbt bekommen, es ist aber durchaus möglich, dass ich mich ihrer nicht mehr bediene. Oder vielleicht nutze ich sie für eine andere Funktion als das Klettern. Im Gegenzug besitze ich allerdings die Fähigkeit, auf Bäume zu klettern. Gleichermaßen fertige ich nicht zwangsweise Steinwerkzeuge, nur weil ich einen breiten Daumen habe. In der Abbildung auf Seite 65 werden die Umrisse des letzten Fingerglieds des Daumens von verschiedenen Arten dargestellt, darunter ein heutiger Mensch, ein Schimpanse, ein Gorilla, ein *Homo habilis* (Handy Man, 1,8 Millionen Jahre), ein *Orrorin tugenensis* (6 Millionen Jahre) und ein rätselhafter Gast. Es bleibt Ihnen überlassen, sich vorzustellen oder gar zu erraten, wer sich wohinter verbirgt, oder sich zumindest eine Vorstellung dessen zu machen, welche Abbildung dem menschlichen Fingerglied näher steht und welche weiter davon entfernt ist. Haben Sie den *Homo habilis* gefunden?

Die Fingerglieder Nummer zwei und drei sind jeweils von einem Schimpansen und einem Gorilla. Beachten Sie, dass das Endstück des Fingerglieds (der obere Teil der Zeichnung) beim Schimpansen nicht so ausgeweitet ist wie beim heutigen Menschen, obwohl der Schimpanse vermutlich zusammen mit dem Menschen derjenige ist, der am meisten Werkzeuge benutzt.

Fingerglied Nummer vier ist vom *Orrorin* und dem des heutigen Menschen sehr ähnlich, obwohl er doch sehr viel älter ist. Hinter welchen Nummern verstecken sich unser rätselhafter Gast und der *Homo habilis*? Fingerglied Nummer sechs ist sehr breit, macht einen kräftigen Eindruck. Es scheint anders als die anderen zu sein, abseitszustehen. Ist das vielleicht der rätselhafte Gast? Falsch geraten, Fingerglied Nummer sechs gehört zum *Homo habilis*. Somit ist die Endphalanx des *Orrorin* dem des heutigen Menschen ähnlicher als die des jüngeren *Homo habilis*, den man doch zur menschlichen Gattung zählt und wie gesagt als jünger erachtet. Stellten die Hominini also vor sechs Millionen Jahren schon Werkzeug her? Oder reicht diese Phalanx nicht aus, ist sie nicht stichhaltig genug, um das zu beantworten? Beides ist möglich. Die Phalanx Nummer eins, unsere rätselhafte Phalanx, ist in ihrer Form der eines

Kleiner Hinweis unter Freunden

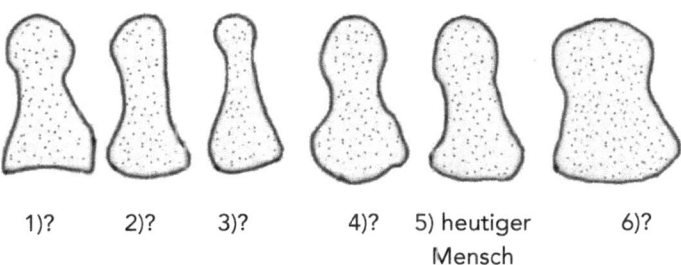

1)?　　2)?　　3)?　　4)?　　5) heutiger　　6)?
　　　　　　　　　　　　　　　Mensch

**Abbildung 1.** Unter den Endphalangen des Daumens (dem letzten Fingerglied des Daumens, mit der Fingerkuppe und dem Fingerabdruck) befinden sich die eines Schimpansen, eines Gorillas, eines *Orrorin tugenensis*, eines *Homo habilis*, eines heutigen Menschen und eines rätselhaften Gasts. Einziges Ziel ist es, die Form unabhängig von der Größe zu zeigen, die Abbildungen sind nicht maßstabsgetreu.[24]

Menschen näher als die Phalangen von Menschenaffen oder die vom *Homo habilis*. Und doch gehört sie zu Sue und ist schon über 70 Millionen Jahre alt! Wer ist Sue? Sue ist ein Dinosaurier, genauer gesagt ein Tyrannosaurus, der berühmt wurde, weil er bei Sotheby's in New York für über acht Millionen Dollar verkauft wurde. Oh ja, manche Dinosaurier (darunter die Sauropoden und der Centrosaurus) haben eine lange Endphalanx des Daumens, wohingegen andere (wie der Hadrosaurus) eine lange Endphalanx des großen Zehs besitzen. Natürlich übertreibe ich ein bisschen, schließlich beziehe ich mich hier nur auf die allgemeine Form, einen Umriss, dabei müsste man mit einer detaillierten Analyse des Knochens aufwarten. Auch reicht die Endphalanx ganz bestimmt nicht aus, um den Gebrauch und die Herstellung von Werkzeug zusammenzufassen, aber sie bringt uns zum Grübeln.

Wenden wir uns anderen, sogenannten menschlichen Merkmalen zu, wie der Oppositionsstellung des Daumens und dem Pinzettengriff (das Greifen zwischen Daumen und Zeigefinger). Um ihre Relevanz zu erklären, möchte ich Ihnen gerne von einem kleinen Experiment erzählen. Wir sind im Jahr 2012, und ich versuche herauszufinden, ob der Lebensraum Baum unsere Fähigkeiten zur Präzision beim Greifen fördert oder nicht, und falls ja, ob es sich dabei um eine spezifische Besonderheit von Primaten handelt. Meine Vorstellung ist, dass die Fortbewegung von Baum zu Baum nicht nur nicht im Widerspruch zum Auftauchen von Werkzeug steht, sondern im Gegenteil die Entwicklung dieser Fähigkeiten wie Greifen und Manipulieren von Gegenständen gefördert hat, Fähigkeiten, die viele im Baum lebenden Arten gemein haben. Sollte das zutreffen, dann muss ich beweisen können, dass die im Baum lebenden Arten ihre Hände mindestens genauso gut einsetzen wie die landlebenden Arten und dass beide Arten Gemeinsamkeiten aufweisen, obwohl sie auf dem Evolutionsschema weit voneinander entfernt sind. Um diese Idee zu bestätigen, führe ich verschiedene Experimente durch, die darin bestehen, die landlebenden Arten mit den auf Bäumen lebenden und die auf Bäumen lebenden untereinander zu vergleichen. Eine erste Studie, durchgeführt von Anne-Claire Fabre, die zur gleichen

Zeit wie ich Doktorandin war, zielt darauf ab, landlebende Arten und auf Bäumen lebende unter den Fleischfressern zu vergleichen, was den Vorteil bietet, in beiden Bereichen viele greiffähige und nicht greiffähige Vertreter anzutreffen, im Gegensatz zu den Primaten, die hauptsächlich auf Bäumen leben und alle über eine gewisse Greiffähigkeit verfügen (was es dementsprechend erschwert, Arten nach ihrem Leben auf dem Land oder auf den Bäumen hinsichtlich ihrer Greiffähigkeit zu vergleichen). Die Resultate zeigen eindeutig, dass die untersuchten fleischfressenden Baumbewohner über eine bessere Pronation verfügen (eine Art Drehbewegung des Ellbogens, die das Greifen erlaubt) als auf dem Land lebende Fleischfresser.[25] Anders ausgedrückt, Äste zu ergreifen, um sich fortzubewegen, kann durchaus auch die Fähigkeit, Gegenstände zu ergreifen, um sie hinterher einzusetzen, begünstigt haben. Eine kürzlich durchgeführte Studie von Louise Peckre, einer meiner Studentinnen, geht in dieselbe Richtung. Sie zeigt eindeutig auf, dass eine Umgebung voller Bäume vermutlich die manuelle Greiffähigkeit begünstigt, was wiederum, sowohl bei Primaten als auch bei Lemuren, die Fähigkeit gefördert hat, dass sich der Nachwuchs im Fell der Mutter festkrallen kann.[26] Ein weiteres Experiment interessiert mich noch mehr: der Vergleich von zwei sehr unterschiedlichen arboricolen Arten, um herauszufinden, ob das Umfeld, das ihnen gemein ist, die Entwicklung derselben Greiffähigkeiten gefördert hat. Die beiden ausgewählten Gattungen sind Mausmakis und Frösche (siehe Abbildung 2). Graue Mausmakis *(Microcebus murinus)* sind die

## Intelligenz

**Abbildung 2.** Ein Mausmaki und einer der untersuchten Frösche (Copyright ©: E. Pouydebat und A. Herrel). Eine ganze Welt trennt die beiden, und doch ...

kleinsten Primaten der Welt (zusammen mit den Zwergseidenäffchen) und gehören zur Gruppe der Lemuren. Bei den Fröschen handelt es sich um *Phyllomedusa azurea*.

Zusammen mit meinem Kollegen Anthony Herrel und ein paar Studenten haben wir bei diesen beiden kleinen Arten beobachtet, wie sie beim Ergreifen von Ästen vorgehen, und sind zu dem Ergebnis gekommen, dass das Greifen der Mausmakis dem der Frösche sehr ähnlich ist.[27] Dabei sind die anatomischen Unterschiede zwischen beiden Gattungen sehr groß, schließlich haben Frösche nur vier Finger. Dennoch hat sich ein bedeutender und faszinierender Punkt herausgestellt.

## Kleiner Hinweis unter Freunden

Manche Frösche besitzen einen ersten Finger, der sich wie ein Daumen »verhält«. Tatsächlich ist dieser Finger opponierbar und unterstützt das präzise Greifen. Präzision benötigt also keinen Daumen als solches und ist auch bei nur vier Fingern gegeben, vorausgesetzt, einer der Finger ist opponierbar. Ein weiterer interessanter Punkt: Ein Frosch derselben Gattung, wie zum Beispiel der *Phyllomedusa bicolor*, besitzt tatsächlich einen langen Daumen. Anders formuliert, wir haben da einen Frosch mit einem langen Daumen, der den anderen Fingern opponiert ist, was erstaunlich an die Hand eines Menschen erinnert ... Das genau umgekehrte Problem stellt sich bei der menschlichen Linie. Zum Beispiel ist die Endphalanx des Daumens beim *Homo habilis* (1,8 Millionen Jahre) breiter als die vom heutigen Menschen: Hat er mehr Werkzeug benutzt als wir? Gleiches gilt für den *Australopithecus sediba* (zwei Millionen Jahre), der einen längeren Daumen besitzt als die modernen Menschen: Hat er mehr Werkzeuge benutzt als wir? Es ist also ganz offensichtlich, dass manche Kriterien (langer Daumen, Opponierbarkeit des ersten Fingers, präzises Greifen) nicht nur beim Menschen auftauchen, sondern auch noch bei anderen Gattungen, die in der Evolutionssystematik noch dazu sehr weit voneinander entfernt sein können. Außerdem wird ganz deutlich, dass diese Merkmale nicht zwingend mit der Herstellung von Steinwerkzeug in Verbindung stehen. Es sei denn, Frösche und Dinosaurier hätten dieses Steinwerkzeug irgendwann vor 360 bis 65 Millionen Jahren erfunden!

Der zweite Grund, der mich zwingt, die Verbindung zwischen diesen sogenannten menschlichen anatomischen Eigenschaften und der Herstellung von Steinwerkzeug infrage zu stellen, schließt an den ersten an: Sehr viele Merkmale tauchen bei anderen Arten als dem Menschen auf, ohne dass sie Werkzeuge aus Stein oder irgendwelche anderen Materialien herstellen oder benutzen. Das trifft zum Beispiel auf viele Lemuren zu, die einen Daumen mit einem langen Beugemuskel haben, aber dennoch kein Steinwerkzeug selbst herstellen oder benutzen.

Der dritte Grund: Manche Arten benutzen Werkzeuge aus Stein, ohne über diese sogenannten menschlichen anatomischen Merkmale zu verfügen. So sind zum Beispiel die Kapuzineraffen (in Brasilien) und die Schimpansen (Elfenbeinküste, Guinea) dafür bekannt, Steine zu benutzen, um die harte Schale von Nüssen zu knacken, indem sie unterschiedliche Strategien anwenden, die über ihre kognitiven Fähigkeiten Auskunft geben (optimale Auswahl des Werkzeugs und Wahl des Untergrunds, auf dem die Nuss abgelegt wird, Lernfähigkeit, Erinnerungsfähigkeit, Transportieren des Werkzeugs etc.).[28] Manche behaupten, diese Fähigkeit wäre bei Kapuzineraffen komplexer als bei Schimpansen. Stellen Sie sich die äußerst komplexe Situation vor, die weibliche Kapuzineraffen lösen müssen, Steine bis zu 3,5 Kilo hochzuheben, obwohl sie selbst nicht mehr als 2,2 Kilo wiegen. Sie müssen also einen Stein hochheben, der mehr wiegt als sie selbst, um eine kleine Nuss zu knacken – wohlgemerkt ohne diese zu zerquetschen! Anderseits haben wir zusammen mit einer meiner Doktorandinnen, Pauline Thomas, gezeigt, dass kleine Mausmakis mitunter das Zehnfache ihres Körpergewichts ziehen können![29] Ein weiteres höchst interessantes Beispiel: In Gefangenschaft gehaltene Kapuzineraffen sind wahre Meister im Nussknacken. Vor allem die Weibchen sind dabei äußerst geschickt. Im Vallée des Singes, einem Affenpark in Frankreich, schlagen sie die Nüsse häufig gegen den Untergrund, aber nicht gegen irgendeinen: Sie wählen den härtesten aus und vollführen präzise Bewegungen, um die Nüsse möglichst rasch aufzubekommen.[30] Sie stellen sich sehr geschickt an, auch ohne Werkzeug. Tatsächlich wird das Zuhilfenehmen eines Substrats als Untergrund, um die Nuss zu öffnen, als Vorstufe der Werkzeugnutzung erachtet und nicht als tatsächlicher Gebrauch von Werkzeug (es gibt kein Verbindungsglied zwischen der Hand und der zu öffnenden Nuss). Aber nur weil es keine Herstellung oder Verwendung von Werkzeugen gibt, heißt das nicht, dass keine vorsätzliche Problemlösung oder Strategie vorliegt oder dass man nicht von Intelligenz sprechen könnte.

Bislang haben wir viel über den Gebrauch von Werkzeug oder von einer Vorstufe des Werkzeuggebrauchs gesprochen, nicht aber von der Herstellung von Werkzeug und noch weniger von der Herstellung von Steinwerkzeug. Das alles reicht noch nicht aus, um die vermeintliche Verbindung zwischen den sogenannten menschlichen anatomischen Merkmalen und der Herstellung von Werkzeug endgültig aus der Welt zu schaffen. Neue Fragestellung: Was denken Sie, wer die Werkzeuge in Abbildung Nummer drei hergestellt hat?

## Intelligenz

**Abbildung 3.**
Beispiele von Werkzeugen hergestellt von …[31]

*Homo habilis? Homo erectus?* Keiner von beiden, es war Kanzi. Ein Bonobo.

In den USA durchgeführte Versuche mit Kanzi, einem Bonobo (*Pan paniscus:* Menschenaffe, verwandt mit dem Schimpansen), zeigen, dass er in der Lage ist, ganz unterschiedliche Werkzeuge aus Stein herzustellen. Sicher, die erste rudimentäre Manipulation wurde ihm von einem Menschen gezeigt, und ja, das alles fand in einem experimentellen Kontext statt (dieses Verhalten wurde im natürlichen Milieu noch nicht beobachtet). Dennoch konnte Kanzi mit seinen Bonobo-Händen ein Werkzeug herstellen und darüber hinaus im Lauf der Jahre eine ganze Palette an Werkzeugen aus Stein fabrizieren und verbessern, je nachdem, welche Arbeiten er durchführen wollte (schneiden, zerdrücken etc.).

Diese Entdeckung weist mehrere fundamentale Punkte auf. Erstens: Ein Menschenaffe mit kurzem, schmalem Daumen, der nur wenige Präzisionsgriffe durchführt und *allem Anschein nach* über keinen langen Beugemuskel des Daumens verfügt,

## Kleiner Hinweis unter Freunden

ist durchaus in der Lage, unterschiedliche Werkzeuge aus Stein herzustellen. Zweitens: Seit 1993 wissen wir, dass ein Menschenaffe dazu fähig ist, Steinwerkzeug herzustellen, obwohl ihm die typisch menschlichen anatomischen und spezifischen Merkmale für diese Aufgabe fehlen. Noch erschütternder, wir wissen bereits seit 1972, dass selbst ein Orang-Utan Steinwerkzeug herstellen kann.[32] Und sein Daumen ist noch kürzer als der eines Bonobos. Dennoch fließen diese Arbeiten kaum in Überlegungen ein, die den Ursprung des Werkzeugs der menschlichen Linie zuschreiben.

Warum sind wir diesbezüglich so blind und/oder leiden an Gedächtnisschwund? Denn wenn diese anatomischen Merkmale für die Herstellung von Werkzeug nicht notwendig sind, dann sind die Menschen nicht die Ersten, die die Fähigkeiten dafür besaßen. Diese Feststellung sorgt manchmal für Unbehagen, ob nun bewusst oder unbewusst, denn sie hinterfragt erneut die »verhaltenstypische« menschliche Besonderheit, die mit dem Werkzeug zusammenhängt und uns von den anderen Primaten unterscheidet. Wenn der Gebrauch von Werkzeug kein entscheidendes Merkmal ist, wie Jane Goodall schon ab den Sechzigerjahren aufzeigte, dann gehört auch die Herstellung von Werkzeug nicht dazu. Diese Beobachtungen sind unumstritten, außerdem existiert ein weiteres Beispiel dafür, dieses Mal mit einem männlichen Kapuzineraffen. Auch ohne vollständig opponierbaren Daumen ist dieses Männchen durchaus in der Lage, einen Splitter herzustellen, mit dem er eine Kunststofffolie durchstößt und mithilfe eines weiteren

Werkzeugs (eines Stocks) zum Sirup gelangen konnte. Das Vermögen, einen Splitter herzustellen, könnte somit sogar auf einen gemeinsamen Vorfahren der Affen der Alten Welt und der Affen der Neuen Welt zurückgehen, also von vor circa 40 Millionen Jahre datieren. Da sind wir sehr weit vom *Homo habilis* mit seinen 1,8 Millionen Jahren entfernt ...

Wenn manche Arten in der Lage sind, Werkzeug aus Stein herzustellen, warum stellen sie dann keines in ihrem natürlichen Umfeld her? Die erste Antwort: weil sie keine Verwendung dafür haben. Weshalb sollte man ein Werkzeug aus Stein modifizieren, wenn man stattdessen zielführende und ökonomische Strategien anwenden kann, wie zum Beispiel die Optimierung durch eine Auflage, die dem Zweck entsprechend ausgewählt wird (hart, breit, mit einer kleinen Mulde ...), auf der man eine Nuss aufschlägt,[33] Optimierung der Bewegung, der Geschwindigkeit und Amplitude, um eine Nuss ohne Werkzeug aufzubrechen ...[34] Die zweite Antwort: Wir haben schlicht und ergreifend keine Ahnung, weshalb! Bei den Menschenaffen sehen wir, dass Schimpansen Werkzeug regelmäßig einsetzen, in unterschiedlichen Formen und unterschiedlichen Zusammenhängen. Weniger häufig wird die Verwendung von Werkzeug bei wildlebenden Orang-Utans beobachtet und noch seltener bei Gorillas oder Bonobos.[35] Bei den »kleinen« Affen (Meerkatzenverwandte und Neuweltaffen) benutzen einige Arten Werkzeug, wie manche Kapuzineraffen (Rückenstreifen-Kapuziner und Gelbbrust-Kapuziner) und Makaken (wie der Langschwanzmakak).[36] Als eine der Erklärungen für diese

Unterschiede wird angeführt, dass Nahrungssuche, die eine Extraktion beinhaltet, eine der Bedingungen für Innovation sein könnte. Die Menschenaffen, die ihre Nahrung, also Nüsse, Honig, Ameisen und, im Fall des Schimpansen und Orang-Utans, schwer zu erreichende Früchte, extrahieren müssen, besitzen eine größere Vielfalt beim Werkzeug als andere (Bonobos, Gorillas).[37] Ähnlich verhält es sich bei den »kleinen« Affen. Die einzigen Arten, die regelmäßig Werkzeug einsetzen, sind solche, die ihre Nahrung extrahieren müssen, und ihr Werkzeug kommt auch hauptsächlich in diesem Kontext zum Einsatz (Langschwanzmakaken und Kapuzineraffen).[38] Das könnte erklären, weshalb manche Arten in der natürlichen Umgebung sehr viele Werkzeuge, andere hingegen sehr wenige, um nicht zu sagen keine benutzen. Doch in Haltung greifen alle Menschenaffen ganz automatisch und in unterschiedlichsten Zusammenhängen zum Werkzeug, und viele der »kleinen« Affen bedienen sich ihrer gelegentlich.[39]

Warum verwenden und/oder fabrizieren manche Arten Werkzeuge und andere nicht? Wir müssen uns eingestehen, dass das für uns alle ein Rätsel darstellt. Sicher ist jedenfalls, dass es nicht an der fehlenden Länge des Daumens, an einem anderen anatomischen Merkmal oder gar an fehlender Intelligenz liegt. Somit sind die Ursprünge des Steinwerkzeugs alles andere als eindeutig geklärt. Vielleicht sind die Menschen nicht die Ersten, die Steinwerkzeug herstellten, ganz bestimmt aber reicht es als Kriterium nicht aus, um den Menschen zu definieren. Die Australopitheci sowie andere Vorfahren der

Menschenaffen oder auch der kleinen Affen hatten durchaus die Voraussetzungen, die ersten Steinwerkzeuge herzustellen. Das ändert natürlich nichts daran, dass das Werkzeug in der menschlichen Linie einen gewaltigen Aufschwung erlebte, insbesondere mit dem Neandertaler *(Homo neanderthalensis)* und dem *Homo sapiens*.

Trotzdem zeigen zahlreiche Arten, die kein Steinwerkzeug benutzen, dass sie sehr wohl zu außergewöhnlichem Verhalten fähig sind, wie wir später noch sehen werden. Mal ganz abgesehen davon, dass Stein bei Weitem nicht das am meisten genutzte Material für Werkzeug in der lebendigen Welt darstellt, sondern insbesondere bei Primaten Werkzeuge auch aus allem hergestellt werden, was sich zersetzen kann, darunter aus pflanzlichen Materialien wie Blättern und Holz ...

## Und nur der Mensch wurde vom Genie geküsst?

Es steht außer Frage, dass das menschliche Gehirn zu Großem fähig ist, dass es über außergewöhnliche kognitive Fähigkeiten verfügt[40] und die menschliche Art in technischer Hinsicht sehr produktiv war, weshalb viel über ihre Entwicklung und Besonderheit diskutiert wurde.[41]

Jedoch geht man bei den Primaten häufig von einer gewissen Linearität bei der Entwicklung der Intelligenz aus. Demzufolge wären die in der Stammesgeschichte vom Menschen am weitesten entfernten Primaten weniger intelligent als die, die dem Menschen näherstehen, und der Mensch würde natürlich alle als intelligentester anführen. Die darauf bauenden Argumente berufen sich auf kognitive Labortests, und es stimmt, dass manche Experimente diese Schlussfolgerung zulassen. In diesen Versuchsreihen werden einige Fähigkeiten bei verschiedenen Arten überprüft, es können aber natürlich nicht alle abgedeckt werden. Es ist also gut möglich, dass eine solche Linearität existiert, wenn man vier von (ungefähr) 250 existierenden Primatenarten vergleicht und bei manchen Versuchsanordnungen zu diesem Ergebnis kommt. Führt man aber eine repräsentative Versuchsanordnung für die Einordnung von Primaten durch und lässt sie verschiedene Tests zu kognitiven Fähigkeiten durchlaufen (Erinnerungsvermögen, Kooperation, Werkzeug, Empathie etc.), dann würde sich eindeutig herausstellen, dass die Evolution der Intelligenz innerhalb der Klasse von Primaten nicht linear verläuft, genau wie sie das auch innerhalb des Tierreichs nicht tut, wie wir im weiteren Verlauf des Buchs noch feststellen werden. Nur ein Beispiel unter vielen anderen: Manche Lemuren (in der Stammesgeschichte weit vom Menschen entfernt) sind in der Lage, Werkzeuge zu benutzen, wohingegen zahlreiche Neuweltaffen oder gar Altweltaffen (dem Menschen näher) das nicht können, wie es meine vielen Untersuchungen bei zahlreichen Arten zeigen.[42]

Kapitel 2

# Wer ist der Beste?

## Menschliche und nicht menschliche Primaten im Umgang mit Werkzeug

### Der Gebrauch von unterschiedlich einsetzbarem Werkzeug

Über einen langen Zeitraum erachtete man Primaten, insbesondere Menschenaffen und Kapuzineraffen, als Beispiele par excellence für den kreativen Einsatz von Werkzeug. Es stimmt tatsächlich, dass die Affen unter den Säugetieren am produktivsten zu sein scheinen, sowohl in natürlicher Umgebung als auch in Haltung.[1] Der regelmäßige Einsatz von Werkzeug wurde zunächst bei Schimpansen beschrieben, und inzwischen sind uns sehr viele Beispiele bekannt, wie das Angeln von Termiten, das Aufbrechen von Nüssen mit Hilfsmitteln aus Stein oder Holz, die Verwendung von »Harpunen«, um zu jagen, oder die Herstellung von »Schuhen«, um die Füße beim Erklettern von dornigen Baumstämmen zu schützen. Außerdem setzen sie verschiedene Techniken ein, um Nahrung zuzubereiten oder zu extrahieren, wie das Zermahlen, Zerkleinern oder Aufsaugen von pflanzlichen Stoffen (zum Teil zu medizinischen Zwecken), das Extrahieren von Honig oder Knochenmark, das Ausgraben von Knollen etc. Manche dieser Techniken unterscheiden sich je nach Schimpansengruppe (Uganda, Elfenbeinküste, Guinea …), und viele der Wissenschaftler bezeichnen das ganz selbstverständlich als Tradition oder gar Kultur.[2]

Abgesehen von den Schimpansen werden Steine zum Nüsseknacken oder gar zum Angreifen (als Wurfobjekt) auch noch von Kapuzineraffen verwendet,[3] außerdem ist eine Bandbreite von Werkzeugen bei Orang-Utans bekannt, die diese benutzen, um Früchte und Insekten zu extrahieren, sich gegen Regen zu schützen, die Wassertiefe zu testen etc.[4] Die Verwendung eines Stocks zur Nahrungsbeschaffung wird auch bei zahlreichen Makaken oder beim Bärenpavian *(Papio ursinus)* beschrieben, ebenso wie der Transport von Nahrung oder Wasser in allen möglichen Behältnissen, wie das auch viele Primaten tun. Darüber hinaus gibt es viele Beispiele für die Verwendung von Werkzeug bei der Körperhygiene. Schimpansen und auch Orang-Utans benutzen Stöcke, um Zähne oder Fingernägel zu reinigen. Langschwanzmakaken *(Macaca fascicularis)* wurden sogar dabei beobachtet, wie sie menschliche Haare als Zahnseide einsetzten, ein Verhalten, das darüber hinaus von der Mutter an den Nachwuchs weitergegeben wird.[5] Abgesehen von den Menschenaffen (insbesondere Schimpansen und

## Primaten und Werkzeug

Orang-Utans) und einigen afrikanischen und asiatischen Affen (Makaken, Pavianen) sind auch manche südamerikanischen Kapuzineraffen dafür bekannt, viel Werkzeug einzusetzen, insbesondere um Nüsse zu knacken und an Nahrung heranzukommen, die nur schwer zu erreichen ist.[6] Man findet Werkzeug also auch bei Arten ohne opponierbaren Daumen (Menschenaffen wie anderen) in Afrika und Asien, aber auch bei kleinen südamerikanischen Affen (Kapuzineraffen), deren Daumen nur pseudoopponierbar sind (die Fingerkuppe des Daumens lässt sich der des Zeigefingers nicht perfekt gegenüberstellen).

Was ist denn, abgesehen von den Menschenaffen und den kleinen Affen, mit den Lemuren, diesen Primaten, die nicht zu den Affen zählen und keinen opponierbaren Daumen besitzen? Bis heute hat man noch keine Lemuren beobachtet, wie sie in ihrem natürlichen Lebensraum Werkzeug einsetzen. Häufig werden sie als weniger intelligent als die Primaten eingestuft, und dementsprechend werden sie auch weniger erforscht als andere Arten. Ich hingegen war lange Zeit davon überzeugt, dass sie dennoch sehr gut mit Gegenständen hantieren können und in der Lage sein müssten, Werkzeug einzusetzen. Für mich bedeutete der geringe Informationsstand zum Werkzeuggebrauch der Lemuren nur, dass sie entweder nicht ausreichend erforscht worden waren oder aber dass sie keine Notwendigkeit hatten, ein solches Verhalten in ihrem Lebensraum zu entwickeln. Auf diese Überzeugung gestützt wagte ich mich zusammen mit meinem Studenten Mats Perrenoud an das Abenteuer heran.

## Wer ist der Beste?

Wir sind im Jahr 2012 und befinden uns im Jardin Zoologique Tropical in La Londe-les-Maures. Mats beobachtet hier eine Gruppe Lemuren (Rotbauchmakis) mit einem ganz anderen Ziel: Er will ihre sensorische Fähigkeit erforschen, Beute auszumachen.[7] Im Lauf seiner Beobachtungen berichte ich ihm von meiner Überzeugung und meinem Plan, ihre Fähigkeit dahingehend zu testen, ob sie wie andere Affen Werkzeug bedienen und einsetzen können, das heißt, ob sie mithilfe eines Stocks Nahrung extrahieren können. Mats lässt sich seinerseits begeistern und überzeugen. Los geht's! Eines Morgens treffen wir vor dem Affengehege dieser reizenden Tierchen ein, um unser Experiment zu wagen. Erstes Problem: Sie sind anhängliche Erforscher mit ausgeprägtem Territorialverhalten, dementsprechend markieren sie unsere Kleidung mit einem, wie soll ich es sagen, doch sehr spezifischen Duft!

Mats und ich müssen warten, dass sie das Außengehege für die Nacht verlassen, um unsere Vorrichtung aufzustellen. Wir haben Löcher in große Holzklötze gebohrt, in die wir zerdrückte Bananen stecken. Äste, die ihnen als mögliches Werkzeug zur Verfügung stehen, sind überall im Gehege verfügbar. Wir nehmen unseren Logenplatz vor dem Gehege ein. Wie lange wird es dauern, bis sie Äste in die Löcher stecken, um an die zerdrückten Bananen zu kommen? Die beiden Männchen, Bart und Ernest, nähern sich unseren Holzklötzen recht schnell. Das sind neue Gegenstände, und sie sind neugierig. Unsere Hoffnung wächst. Ein flüchtiger Blick, etwas Geschnuppere ... Und das war's dann auch! Keine weitere Reaktion,

## Primaten und Werkzeug

nichts. Kein Interesse. Die Tage vergehen. Nichts. Bis zu dem Tag, an dem wir beschließen aufzugeben. Mit einem letzten Funken Hoffnung, dass wir sie doch noch ein Werkzeug ergreifen und damit hantieren sehen würden, zupfen wir die Blätter von ein paar Stöcken ab und legen sie direkt neben die Klötze, vielleicht macht es ja so klick bei ihnen. Nichts. Tags darauf legen wir die Äste auf die Klötze. Wieder nichts. Am letzten Tag sage ich mir: »Okay, wo wir schon mal hier sind, können wir den Ast auch direkt ins Loch stecken.« Wieder wächst bei uns die Vorfreude. Irgendwann taucht Bart auf, betrachtet die Vorrichtung und sieht sehr wohl, dass etwas anders ist als an den vorangegangenen Tagen. Er ergreift den Stock. Zieht ihn aus dem Loch. Betrachtet ihn den Bruchteil einer Sekunde. Und lässt ihn dann mit verblüffendem Desinteresse für die Banane, die am Ast klebt, liegen.

Ich denke, mehr hätten wir hier nicht machen können. Bestimmt waren sie nicht hungrig genug, oder aber ihnen fehlte die Motivation. Und ganz bestimmt funktioniert diese Aufgabe bei vielen Arten, schließlich entspricht sie einem natürlichen Verhalten, aber eben nicht bei dieser hier. Das ändert nichts. Eine andere Studie hat gezeigt, dass sie Werkzeuge benutzen können.[8] Es gibt außerdem etwa hundert Arten von Lemuren, die man dazu noch erforschen muss (zusammen mit den Loris). Man muss herausfinden, inwiefern sie Fähigkeiten zur Manipulation besitzen. Und es sieht ganz so aus, als gäbe es einen Zusammenhang zwischen den Fähigkeiten zur Manipulation und den Techniken, wie sie ihren Nachwuchs tragen (im Maul oder am Körper), auch dem muss unbedingt weiter nachgegangen werden.⁹

## Die Bedeutung von Pflanzen

Auch wenn manche Affen, wie Kanzi, der Bonobo, Steinwerkzeug herstellen können, so hat doch nur die menschliche Gattung ein ganzes Sammelsurium an Steinartefakten hervorgebracht, wie man sie im Tierreich nicht antrifft. Es ist also unmöglich, die menschlichen Besonderheiten in einen Vergleich zu den Strategien, die andere Primaten anwenden könnten, zu stellen. Im Gegenzug nutzen zahlreiche Arten der Menschenaffen und ein paar der »kleinen« Affen, wie Makaken, Paviane oder Kapuzineraffen, sowohl in ihrem natürlichen Lebensraum wie auch in Haltung Äste oder Stöcke aus pflanzlichem Material als Werkzeug, um Nahrung oder Gegenstände außer Reichweite heranzuholen, sich zu kratzen, zu putzen oder Nahrung zu extrahieren (Honig aus Waben, Termiten, Ameisen, Früchte aus Schalen ...). Die Strategien in der Wahl des Astes (Größe, Durchmesser, Länge), seinem Zurechtstutzen, seinem Modifizieren und Manipulieren sind manchmal sehr komplex, je nachdem, welches Problem gelöst werden will, ob nun im natürlichen Lebensraum oder während eines Versuchsverlaufs in Haltung. Zahlreiche Studien zeigen übrigens auf, dass der Mensch im Lauf der Evolution des menschlichen Werkzeugs pflanzliche Materialien sowohl verarbeitete als auch für Werkzeuge einsetzte. Wir können also die Aufgabenstellung doch beibehalten und mit Blick auf die Verwendung von Pflanzlichem verfolgen, um die verschiedenen Strategien der Handhabung durch verschiedene Arten zu vergleichen und herauszufinden, ob die Menschen hier über eine Besonderheit verfügen oder nicht.

## Der Wettstreit um die Nuss im Labyrinth

Lassen Sie uns ein kleines Experiment durchführen, einen Wettstreit der Arten, um so herauszufinden, wie jede hier vorgeht.[10] Dafür wählen wir Bonobos, Orang-Utans, Kapuzineraffen und Menschen aus, Erwachsene wie Kinder. Wir verwenden eine rechteckige Vorrichtung aus Holz, die mit Hindernissen gefüllt wird, sodass sich ein Labyrinth ergibt. Sobald dieses Kunstwerk fertiggestellt ist, wird es von außen an einem Tiergehege angebracht. Ganz ans Ende legt man verlockendes Futter, in unserem Fall eine Nuss, und zwar so, dass der begehrte Leckerbissen nicht mit der Hand zu erreichen ist, sondern ein Werkzeug dafür eingesetzt werden muss. Dieses muss noch dazu durch das Gitter und an den ganzen Hindernissen vorbeigeführt werden (Abbildung 4). Natürlich ist die Motivation, eine Nuss zu ergattern, bei Affen und Mensch nicht dieselbe. Damit wir hier von ähnlichen Voraussetzungen ausgehen, wird das Erlangen der Nuss beim Menschen mit einer Belohnung

Wer ist der Beste?

**Abbildung 4.**
Beispiel für ein Labyrinth, das am Gitter eines Geheges von Bonobos im Vallée des Singes angebracht ist (Romagne, Frankreich).

versehen: Schokolade! Das funktioniert ganz wunderbar, sowohl bei Kindern als auch bei Erwachsenen. Die Belohnung für die Affen ist die Nuss selbst.

Sobald alle Vorbereitungen abgeschlossen sind, wird beobachtet, das Verhalten beschrieben, und heraus kommt ... eine überaus eigenartige Vielfalt! Da sieht man Weltmeister, Langsame, Schnelle, sogar Überschnelle, Außerirdische, Verfolgte, Faule, Desinteressierte, Angefixte, Gefährliche und vor allem eine Reichhaltigkeit an angewandten Strategien, die man nur schwer auseinanderhalten kann ... Sehen wir uns ein paar Beispiele an.

## Das Labyrinth und die Bonobos

Fangen wir mit den Bonobos an, weil das die Ersten waren, die Ameline Bardo, eine meiner Doktorandinnen, getestet hat. Wie soll man das zusammenfassen? Das Wichtigste vorneweg: Im Vergleich zu den männlichen Bonobos sind die weiblichen geradezu Experten! Wir haben ebenfalls begeistert festgestellt, dass unter den Weibchen die ältesten am geschicktesten waren: Sie wählten zielsichere Wege für die Nuss, berührten weniger Hindernisse und brachten die Nuss sehr schnell in ihren Besitz.[11] Im Gegenzug sind sie auch gefährlicher, denn sie haben Ameline angegriffen und versucht, ihr mithilfe des Werkzeugs die Augen auszustechen! Vergessen Sie den Mythos von wegen friedfertiger Bonobo, der alle Probleme mittels Sex bereinigt: Im Zoo sind sie in die meisten Zwischenfälle verwickelt. Abgesehen davon, dass die Weibchen gefährlich sein können, sind sie auch die Aufdringlicheren, wenn es darum geht, den Männchen das Werkzeug zu entwenden oder ihnen den Weg zu den Labyrinthen zu versperren. Bevor wir auf die Nüsse umgestiegen sind, haben wir frische Trauben in den Labyrinthen verwendet, allerdings ohne mit der Kreativität der Ältesten der Gruppe zu rechnen: Daniela, 43 Jahre alt. Sie nähert sich dem Labyrinth und unternimmt ein paar Anläufe. Die Hindernisse stören ganz offensichtlich. Doch daran soll es nicht scheitern, sie beschließt, anders vorzugehen. Sie spitzt das Ende ihres Werkzeugs zu und spießt die Traube auf, um sie über die Hindernisse hinwegzutransportieren. Raffiniert. Und

Wer ist der Beste?

**Abbildung 5.** Links: Ukella – und die beobachtende Kiki – beim Benutzen eines Werkzeugs, um eine Nuss zu sich zu holen. Rechts: Daniela, die ein stark gebogenes Werkzeug verwendet, mit der sie die Nuss zu sich zieht. Copyright ©: A. Bardo.

Daniela ist mit ihrer Lösung äußerst zufrieden, wie ihr kleiner Freudenschrei beweist, als sie schließlich die Traube ergattert. Ziel war es aber, unter anderem die unterschiedlichen Techniken des Ergreifens und Einsetzens eines Werkzeugs durch die Hindernisse und das Gitter des Labyrinths zu beobachten, also ersetzen wir die Traube durch eine Nuss.

Die neun beobachteten Bonobos lösen diese Aufgabe mit den neuen Früchten sehr rasch, wobei jeder seine eigene Strategie entwickelt. Und in der Gruppe haben wir eine Expertin: wieder Daniela. Sie wendet eine sehr durchdachte Strategie an, von der Auswahl und dem Zurechtstutzen des Werkzeugs über das Schleusen der Nuss durch das Labyrinth bis hin zur Handhabung des Werkzeugs und dem richtigen Platzieren hinter dem Gitter. Anders ausgedrückt, sie plant und organisiert alle durchzuführenden Aktionen, um die Aufgabe optimal zu bewältigen. Sie sucht sich im Vorfeld und abseits des Labyrinths das geeignetste Werkzeug, in diesem Fall ein stark gebogenes, dann bearbeitet sie es, indem sie Rinde oder Ästchen entfernt, die beim Weg durch das Labyrinth stören könnten, und sobald sie dann vor dem Labyrinth steht, erlaubt ihr das gebogene Werkzeug, sich etwas oberhalb zu platzieren und somit das Labyrinth gut im Blick zu haben (Abbildung 5).

Eine weitere Expertin, die weiß, wie man Nüsse ergattert, ohne dabei zu ermüden: Nakala. Ihre Strategie: die Nuss von den anderen zu klauen, natürlich auch von den dominierten Männchen. Dabei ist die kleine Nakala gerade mal vier Jahre alt! Was gibt es schon Besseres, als andere für sich arbeiten zu lassen und die Nuss dann zu stehlen, wenn sie am Ausgang des Labyrinths auftaucht?

## Das Labyrinth und die Orang-Utans

Nach unseren Experten, den Bonobos, sehen wir uns die Außerirdischen an, die ich weiter oben erwähnte: die Orang-Utans. Sie gehen langsam, aber sicher vor. Und wie kreativ sie dabei sind: mit der Hand, den Füßen und sogar dem Mund! Ganz recht, sie können die Nuss problemlos mit dem Mund und einem Werkzeug erlangen (Abbildung 6). Ein Geschick, das ganz bestimmt auf die anatomischen Merkmale ihrer Lippen zurückzuführen ist, vielleicht sogar auf die der Zunge, und auf einen Mund, der von dieser baumlebenden Spezies viel

Wer ist der Beste?

**Abbildung 6.** Tiba, die gerade eine Nuss mit dem Mund durch das Labyrinth dirigiert (Zoo von La Palmyre, Frankreich). Copyright ©: A. Bardo.

gebraucht wird. Vergessen wir nicht, dass Orang-Utans die Menschenaffen sind, die die meiste Zeit in Bäumen verbringen, und dass sie sich manchmal mit beiden Händen und Füßen an Ästen festhalten müssen, wodurch ihnen nur der Mund bleibt, um Nahrung zu ergreifen und zu manipulieren.

Ist das eine effizientere Vorgehensweise als die der Bonobos? Das ist schwer zu sagen. Sicher ist jedoch, dass sie für das Erlangen einer Nuss abwechselnd auf Hand, Fuß oder Mund zugreifen können, wobei sie das Werkzeug nach und nach mit den Zähnen kürzen, je näher die Nuss kommt, was die Bonobos nicht getan haben. Die Orang-Utans sind langsam, aber akrobatisch und organisiert. Auch hier sind die Weibchen effizienter als die Männchen, insbesondere ältere Weibchen.

## Das Labyrinth und die Gorillas

Wenn man diese Arten bei der Benutzung des Labyrinths erforscht, dann stellt man überrascht fest, dass die dominanten Männchen weniger aufmerksam sind als die anderen, weil sie ihre Gruppe überwachen. Abgesehen davon sind Gorillas deutlich spezialisierter und wenden weniger variable Strategien an. Zum Beispiel benutzen sie nur eine Hand, wo Menschen zwei Hände und Orang-Utans abwechselnd eine Hand, den Fuß oder den Mund zu Hilfe nehmen. Ein weiterer interessanter Punkt: Sie benutzen nur eine Hand, aber immer dieselbe. Entweder sind sie Links- oder Rechtshänder, aber sie sind ausschließlich das eine oder das andere. Ihre Geschicklichkeit beim Greifen ist bei diesem Versuch äußerst beeindruckend. Tatsächlich vollführen Gorillas zahlreiche intermanuelle Bewegungen (zwischen den Fingern, innerhalb einer Hand), um das Werkzeug neu zu positionieren. Gorillas greifen ganz ähnlich wie wir Menschen: Es ähnelt dem Ergreifen eines Stifts – das folglich kein menschliches Privileg ist, ebenso wenig wie der Präzisionsgriff. Weiterhin wäre anzumerken, dass die Gorillas diejenigen sind, die im Schnitt die meisten Hindernisse berühren, um die Nuss zu sich zu holen. Das lässt sich zweifellos dadurch erklären, dass sie mehr abgehackte Bewegungen vollführen als Orang-Utans oder Menschen, auch wenn sie die Nüsse ebenso gut wie die anderen herausbekommen.

## Das Labyrinth und die kleinen Affen: der Versuch mit den Kapuzineraffen

Was ist mit dem kleinen Affen und seiner Fähigkeit, Werkzeuge einzusetzen, wie zum Beispiel dem Kapuzineraffen? Bei ihm entdecken wir eine völlig andere Strategie, er ist der Speedy Gonzalez unter den Affen. Sehr schnell, um nicht zu sagen überschnell. Gemäß ihren Gewohnheiten sind Kapuzineraffen überaus neugierig, und unsere Vorrichtung erregt schnell ihr Interesse. Wiederum, typisch für sie, wollen sie alles sehr schnell machen, weshalb sie eine bis dato noch nicht beobachtete Strategie einsetzen: das Labyrinth wie wild durchschütteln. Dadurch hüpft die Nuss über die Hindernisse. Und obwohl sie recht klein sind, sind ihre Arme stark genug, damit ihnen das gelingt. Das heißt, wir werden die Labyrinthe noch besser fixieren müssen, um herausfinden zu können, ob sie zum Werkzeug greifen, wenn sie die Nüsse nicht mehr hüpfen lassen können.

## Das Labyrinth und die Menschen

Wir haben die Menschenaffen und die kleinen Affen erwähnt, aber was ist mit Menschen, Erwachsenen oder Kindern (von im Durchschnitt fünf Jahren)? Zuallererst muss man sagen, dass Erwachsene von allen getesteten Arten am schnellsten und effektivsten sind. Als Nächstes kommen die Bonobos,

## Primaten und Werkzeug

dann die Kinder und schließlich die Orang-Utans. Bezeichnend ist, dass sich Erwachsene eine ganz neue Strategie zunutze machen: Sie manipulieren ein Werkzeug in jeder Hand, um die Nuss zu bekommen. Diese zweihändige Manipulation ist hinsichtlich der Koordination sehr komplex, schließlich muss man die Bewegungen der rechten Hand, die die Nuss anschiebt, von denen der linken Hand, die die Nuss lenkt, dissoziieren. Diese Besonderheit erlaubt es den erwachsenen Menschen vermutlich, die anderen Arten zu überflügeln, doch das müsste erst mit noch mehr Individuen von allen Arten analysiert werden.

Ein weiteres Element trägt zur Glanzleistung der erwachsenen Menschen bei: das Ergreifen des Werkzeugs. Während die Menschenaffen sehr unterschiediche Griffe verwenden (zwischen zwei und fünf Fingern, mit unterschiedlichen Handgriffen ...), ist es beim Menschen nur ein Griff. Bei Erwachsenen ist es der Präzisionsgriff (das Ergreifen eines Stifts mit den Fingerkuppen der ersten drei Finger), bei Kindern der Kraftgriff (alle Finger und der Handballen). Dieser Präzisionsgriff des Werkzeugs bei den Erwachsenen stammt vermutlich von unserer Erziehung und Kultur her. Die Menschenaffen lernen nicht, zu schreiben oder Geige zu spielen, und sind dementsprechend nicht durch diese Art Lernen beeinflusst. Wir begeben uns hier in den faszinierenden Bereich, wie uns tägliche Tätigkeiten, Tradition und Kultur über mehrere Generationen hinweg beeinflussen. Sehen wir uns Beispiele an.

## Der Einfluss von Lebensweise und Kultur

Bei unserem Versuch waren die Erwachsenen, die einen Sport ausüben oder ein Musikinstrument spielen, am schnellsten und effizientesten. Die beste Kandidatin bei den Erwachsenen war im Übrigen eine Frau (wieder einmal!), die viel klettert. Der Einfluss des Erlernten, das sie beim Entwickeln ihrer Fingerfertigkeit für das Fortbewegen mithilfe von Händen entwickelte, erlaubte es ihr, effizienter zu sein als andere Individuen. Sie ist deshalb nicht zwangsweise intelligenter, aber sie hat eine Fähigkeit in einem spezifischen Bereich entwickelt, die sie in anderen Bereichen einsetzen kann. Eine weitere Frau hat hier ebenfalls sehr gut abgeschnitten, und sie wiederum ist Geigerin.

Das heißt, unsere spezifischen mit der Hand ausgeführten Tätigkeiten haben zwangsweise einen Einfluss auf andere Tätigkeiten. Das Gleiche gilt für kulturelle Phänomene. Was würde passieren, wenn wir Franzosen mit Deutschen, Spaniern, Afrikanern, Asiaten und Amerikanern und innerhalb einer jeden Bevölkerung die verschiedenen ethnischen Gruppen je nach Herkunft miteinander vergleichen würden? Es ist ziemlich wahrscheinlich, dass ein Pygmäe aus der Demokratischen Republik Kongo vermutlich nicht dieselbe Strategie für die Anwendung des Werkzeugs wählt und nicht dieselben Resultate erzielt wie ein baskischer Pelota-Spieler aus dem Südwesten Frankreichs. Dennoch kann man daraus keine Rückschlüsse auf die Intelligenz des einen oder anderen ziehen. Man könnte nur sagen, dass sich jeder die Fähigkeiten aus seinem täglichen Leben zunutze macht und sie entsprechend adaptiert (beim einen das Jagen, beim anderen der Sport, wenn ich das hier etwas salopp ausdrücken darf) und dass dieses Erlernte von Generation zu Generation weitergegeben wird.

Dabei ist dieses kulturelle Phänomen kein Privileg des Menschen. So zeigen sehr viele Studien, dass traditionelle und kulturelle Phänomene auch bei anderen Tieren existieren. Zusammen mit meiner italienischen Kollegin Shelly Masi, einer Expertin für wildlebende Gorillas, versuche ich, diesen Punkt weiter zu erforschen. Bei den Gorillas im Westen variieren und unterscheiden sich die Wahl der verspeisten Pflanzen und die Techniken der Manipulation gewisser Nahrungsmittel je nach Gruppenzugehörigkeit, obwohl sie Zugang zu denselben Nahrungsquellen haben. Wie lassen sich diese Unterschiede erklären, wo ihnen doch dieselben Ressourcen zur Verfügung stehen? Es ist möglich, dass diese Wandelbarkeit durch die Eigenschaften der Nahrungsmittel, mit denen sie hantieren, gleichzeitig aber auch durch die »Traditionen« bedingt ist. Um ebendiese kulturellen Phänomene zu erforschen, haben wir verschiedene freilebende Gorillagruppen miteinander verglichen. Es ist übrigens äußerst spannend zu versuchen herauszufinden, wie der Gorillanachwuchs von seiner Mutter lernt und wie jede Gruppe ihre voneinander abweichenden Strategien von einer Generation an die nächste weitergibt. Diese Phänomene von Tradition und Kultur werden später noch weiter erörtert (siehe Kapitel 6).

## Die Auswirkungen von Wettstreit

Ein weiterer sehr interessanter Faktor kann diese Strategien beeinflussen: der Wettstreit zwischen Individuen. Unserer Erfahrung nach ist ganz offensichtlich, dass die Erwachsenen im Wettstreit miteinander stehen und versuchen, den jeweils anderen zu übertrumpfen, das heißt, schneller zu sein, weniger Hindernisse zu berühren etc. Kinder zeigen diesbezüglich keinen Anreiz in diesem Experiment und lassen sich, genau wie die Bonobos und die Orang-Utans, Zeit – selbst wenn kleine Jungen schnellere und brüskere Bewegungen vollführen als kleine Mädchen, was wiederum ohne jeden Zweifel erklärt, weshalb die Mädchen (auch hier wieder!) besser abschneiden als die Jungen. Im Gegenzug haben die männlichen, dominierten Tiere bei den Bonobos zum Beispiel Schwierigkeiten, überhaupt zu den Labyrinthen zu gelangen, und wenn sie es dann doch dorthin schaffen, dann hetzen sie sich ab, um die Nuss möglichst rasch zu ergattern.

Man muss bei den Interpretationen also höchste Vorsicht walten lassen, wie man die Resultate und die Erfolgsrate bewertet, die Schnelligkeit, mit der sie die Nuss bekommen, die Durchführung und Verknüpfung zwischen der Intelligenz von Individuen oder der betreffenden Art. Tatsächlich können viele Faktoren (gruppeninterner Wettstreit, Tradition, Erfahrung etc.) die verwendeten Strategien beeinflussen. Folglich ist jeder Fall einzigartig, und selbst das genaueste, fachbezogenste und vergleichbarste Experiment erlaubt höchstens die Schluss-

## Primaten und Werkzeug

folgerung, dass ein Individuum innerhalb einer Art intelligenter ist als ein anderes, und keinesfalls, dass eine Art intelligenter ist als eine andere (auch innerhalb einer Art kann es zu beträchtlichen Unterschieden im Verhalten kommen).

Schlussfolgernd kann man sagen, dass der Mensch vielleicht Besonderheiten dabei aufweist, wie er Werkzeuge manipuliert und einsetzt, doch das trifft auch gleichermaßen auf alle anderen Arten und jedwedes Verhalten zu. Die Menschen sind einzigartig, sicher, aber das sind auch Gorillas, Orang-Utans und alle sonstigen Tiere. Es ist ganz offensichtlich, dass zahlreiche Primaten in der Lage sind, Werkzeuge herzustellen und zu benutzen, auch solche aus Stein. Der Ursprung und die Evolution der komplexen Manipulation und der Werkzeuge bei den Primaten ist also alles andere als eindeutig, und es ist sehr schwierig, dadurch auf den zu schließen, der als Erstes Werkzeug hergestellt hat. Die Australopitheci oder andere Vorfahren der Menschenaffen oder gar der kleinen Affen besaßen in jedem Fall die entsprechenden Voraussetzungen, um erste Werkzeuge aus Stein herzustellen.

Gewissheit würde man hier nur dann bekommen, wenn man Fossilien von Primaten zusammen mit Steinwerkzeug finden würde. Und auch wenn die Wahrscheinlichkeit dafür äußerst gering ist, so besteht doch die Möglichkeit. Ein Rätsel werden wir allerdings nie lösen können: das Rätsel um die ersten und sehr zahlreichen Werkzeuge aus verrottendem Material. Alle Werkzeuge aus Holz oder aus anderem pflanzlichen Material fossilisieren nicht und können somit niemals gefunden werden. Dabei sind sehr viele Primaten, darunter auch die Lemuren, in der Lage, zum Beispiel Äste als Werkzeug zu verwenden. Und wie wir im nächsten Kapitel sehen werden, ist das eine Fähigkeit, wie sie nicht erst die Primaten hatten. Die Ursprünge des Werkzeugs müssen also vor dem Auftauchen der Primaten gesucht werden. Natürlich sind der Gebrauch oder die Fabrikation eines Werkzeugs eine beachtliche Leistung, aber eben auch nichts Einzigartiges. Zahlreiche Arten, die kein Werkzeug verwenden, ob nun aus Stein oder verrottendem Material, zeigen dennoch ein beeindruckendes Verhalten. Das Werkzeug hat nicht das Monopol der Intelligenz, einer Intelligenz, die sich nicht den Regeln der lebendigen Welt entziehen kann – und diese Regeln sind die der Vielfältigkeit und gehorchen sicherlich nicht dem Vorrecht der Menschen, geschweige denn einem opponierbaren Daumen.

# KAPITEL 3

# Ohne Daumen, ohne Hände, ohne Cortex und Skelett!

## Werkzeuge in der Luft und im Wasser

### Die Säugetiere: mit Krallen und ohne opponierbaren Daumen

Obwohl gewisse Affenarten beim Gebrauch von Werkzeugen äußerst vielfältig sind, häufen sich im Lauf der letzten Jahrzehnte auch die Beispiele dafür bei anderen Arten. Das Verwenden von Werkzeug beim Menschen wird systematisch mit seiner einzigartigen Hand assoziiert, mit seinen manuellen Fähigkeiten und seinem außergewöhnlichen Gehirn. Tja, andere Arten kommen ohne aus und gehen folglich anders vor.

Sehen wir uns zunächst an, wie das andere Säugetiere machen. Im Gegensatz zu den meisten Primaten haben andere Säugetiere Pfoten und keine Hände, sie besitzen Krallen, und ihnen fehlt der opponierbare Daumen. Doch das hindert sie nicht daran, Werkzeug einzusetzen. Hier einige Beispiele. Im natürlichen Umfeld ist der Seeotter *(Enhydra lutris)* dafür bekannt, Muscheln gegen Steine zu schlagen, die er auf seinem Bauch ablegt, während er auf dem Rücken im Wasser liegt.[1] In Haltung kann der Gewöhnliche Degu (*Octodon degus*), ein kleines Nagetier, erlernen, Werkzeug zu benutzen und das geeignetste auszuwählen, wie zum Beispiel einen Rechen ohne Zähne statt eines Rechens mit Zähnen, damit keine Nahrung durch die Zwischenräume entkommt, wenn er sie zu sich zieht.[2] Unter den Fleischfressern sind die Honigdachse *(Mellivora capensis)* dafür bekannt, alle möglichen Gegenstände zu benutzen (Zweige, Steinhaufen, Rechen), um aus ihrem Gehege zu entwischen. Der Silberdachs *(Taxidea taxus)* wiederum verschließt die Fluchttunnel des unterirdischen Überwinterungsbaus seiner Opfer, der Richardson-Ziesel *(Spermophilus richardsonii)*, indem er mehrere große Gegenstände davor ablegt, sodass sie nicht mehr entkommen können.[3] Löwen *(Panthera leo)* sind in der Lage, Dornen zu benutzen, um eine andere Dorne aus der Pfote zu entfernen,[4] und ein Braunbär wurde dabei beobachtet, wie er mit einem großen Stein hantierte, um sich am Hals und an der Schnauze zu kratzen.[5]

Auch bei Elefanten findet man Beispiele für die Verwendung von Werkzeug, die von deren Intelligenz zeugt. Ob in Haltung oder im natürlichen Lebensraum, asiatische Elefanten benutzen Äste und andere Gegenstände, die sie werfen, um andere Individuen einzuschüchtern, sie anzugreifen oder auch um Mücken zu verscheuchen. Außerdem können sie Stöcke verwenden, um sich zu kratzen,[6] oder ihr Werkzeug modifizieren, indem sie es entzweibrechen, wenn es zu lang ist, oder die Blätter abziehen, wenn davon zu viele an einem Zweig sind.[7] Dadurch, dass man sehr lange davon ausging, nur wenige Arten wie Schimpansen würden in ihrem natürlichen Lebensraum spontan Werkzeug einsetzen, machen die Fähigkeiten von anderen Säugetieren neugierig, umso mehr, als sie die Intelligenz der Tiere in ein anderes Licht rücken.[8] Werkzeug ist also auch ohne opponierbaren Daumen und ohne Fingernägel möglich – kann das jemand überbieten?

## Die Vögel: ganz ohne Hände

Ein Spatzenhirn? Sie scherzen wohl! Ihnen ist bestimmt nicht entgangen, dass Vögel deshalb keinen opponierbaren Daumen haben, weil sie keine Hände haben. Und doch stellen sie, zusammen mit den Primaten, die Gruppe der Wirbeltiere dar, die am meisten Werkzeuge benutzt.[9] Die Entdeckungen der letzten 20 Jahre zeigen, dass die Vögel sogar zu einer der kreativsten Gruppen gehören. Inzwischen weiß man, dass Rabenvögel (Blauhäher, Dohlen, Elstern, Krähen, Raben, Saatkrähen) sehr kreativ werden können, und auch die *Psittacidae* (Papageien, Sittiche …) zeigen ein erstaunliches Verhalten. Die Schmutzgeier *(Neophron percnopterus)* werfen Steine auf Eier, um sie aufzubrechen, und Reiher benutzen Köder, um Fische anzulocken.[10]

Man hat sogar schon beobachtet, wie ein Kanadakranich *(Grus canadensis)* sich mit einem Handtuch abtrocknete.[11] Die

Gilaspechte *(Melanerpes uropygialis)* verwenden Behältnisse wie Baumrinde, die sie mit Honig vollsaugen lassen und dann transportieren,[12] und der Kaffernadler *(Aquila verreauxii)* kann Gegenstände werfen, um ein anderes Individuum einzuschüchtern.[13] Ein weiteres klassisches Beispiel dreht sich um die Dekoration der Laube durch die Männchen des Graulaubenvogels *(Chlamydera nuchalis)*. Diese kleinen Vögel aus Australien bedecken den Boden mit Blüten, bunten Blättern oder auch Muscheln, Körnern, kleinen Steinen oder gleichfarbigen Gegenständen, um ihre Partnerin anzulocken.[14] Sie sind sogar dazu in der Lage, über mehrere Wochen hinweg eine Art Hochzeitssuite zu errichten, gefertigt aus miteinander verwobenen Zweigen, die bisweilen einen Bogen am Eingang bilden, der an einen Tunnel erinnert, bis zu 60 Zentimeter lang sein kann und an beiden Enden offen ist. Am Ende des Tunnels errichtet das Männchen einen Vorhof aus Steinen, Muscheln und Knochen, einen Hof, der sich dem Weibchen durch die beschränkte Einsicht nur in Teilen zeigt. Geht es hierbei um den Überraschungseffekt? Noch erstaunlicher ist, dass dieses kleine Männchen ein beachtliches Gefälle errichtet, indem es die größten Steine hinten, die kleineren davor ablegt. Auf diese Weise erscheint der Hof kleiner, als er tatsächlich ist, und das Männchen größer, als es tatsächlich ist, was es vermutlich verführerischer macht.[15] Auch wenn manche dieses Vorgehen mit dem Nestbau statt mit dem Gebrauch von Werkzeug vergleichen, so kann man es doch mit dem Manipulieren von Gegenständen gleichsetzen und davon möglicherweise auf die

## Werkzeuge in der Luft und im Wasser

Intelligenz einer Art schließen, die mit Kreativität ... verführen will!

Der komplexeste Gebrauch und die Herstellung von Werkzeugen werden für gewöhnlich den Krähen und Raben zugeschrieben. Hier eine kurze amüsante Anekdote: Wir sind in Japan, und eine Krähe fliegt mit einer Nuss im Schnabel über eine Straße. Sie setzt sich auf ein über die Straße hängendes Kabel, in der Nähe einer Ampel mit einem Fußgängerüberweg. Dort lässt sie ihre Nuss auf den Asphalt fallen, inmitten des dichten Verkehrs. Nachdem ein paar Autos vorbeigekommen sind, ist die Nuss geknackt. Die Krähe benutzt also die Autos als Werkzeug, verrückt, oder? Was dann kommt, ist noch überraschender. Die Krähe wartet, bis die Fußgängerampel auf Grün schaltet, überquert dann inmitten der Menschen auf dem Fußgängerüberweg die Straße und holt sich ihre nunmehr geknackte Nuss. Solche Geschichten hört man häufig über Krähen in Frankreich, den USA oder auch in Japan. Fetnat, das kleine Kapuzinerweibchen, benutzte meinen Fuß, um ihre Nuss zu knacken, Krähen wollen noch höher hinaus.

Dringen wir mit den freilebenden Geradschnabelkrähen *(Corvus monedwioides)* weiter in die Komplexität des Gebrauchs von Werkzeug ein und beobachten, wie sie vorgehen, um Wirbellose zu erreichen, die sich in altem Holz eingerichtet haben. Dafür benutzen die Vögel mindestens vier verschiedene Werkzeugtypen, darunter verschiedene Zweige und andere Gegenstände aus den zugeschnittenen dornigen Rändern der flachen Blätter von Schraubenbäumen (Abbildung 7).[16] Diese

Werkzeuge werden in einer Reihe von Arbeitsschritten hergestellt und weisen sehr komplexe Formen auf. Das vielschichtigste davon ist unten breit, dünn an der Spitze und erlaubt somit sehr präzise Manipulationen, wobei es gleichzeitig inflexibel bleibt. Der Vogel schneidet diese Blätter nach und nach mit dem Schnabel zu, fabriziert dabei kleine Einbuchtungen, winzige Häkchen, mit denen er die Würmer in den Holzlöchern festhalten kann. Die dünn zulaufende Spitze des Werkzeugs und die Herstellung dieser Häkchen werden in verschiedenen Etappen erlangt. Zudem variieren Größe und Form dieser Werkzeuge von einem Wald zum nächsten, was manche daher als eine Form des kulturellen Verhaltens erachten. Für zahlreiche Wissenschaftler stellen diese Werkzeuge die ausgefeiltesten dar, die jemals im Tierreich gefunden wurden.

Ein weiteres Beispiel zeigt, dass Krähen Werkzeuge auch in einem spielerischen Kontext verwenden. Stellen Sie sich eine von ihnen oben auf einem steilen, verschneiten Dach vor. In ihrem Schnabel hält sie einen breiten, flachen Deckel, den sie irgendwo eingesammelt hat. Sie legt den Deckel auf das Dach und stellt sich darauf. Einfach ausgedrückt – sie fährt Schlitten! Sie wiederholt dieses Experiment dann mehrfach, fährt abwechselnd vom Dach herunter und fliegt mit dem Deckel im Schnabel wieder darauf. Auch weitere Beispiele aus dem experimentellen Kontext sind faszinierend. Geradschnabelkrähen sind in der Lage, sich Abfolgen für die Verwendung eines Werkzeugs vorzustellen, wie diese Kombination von drei Arbeitsschritten zeigt: ein Werkzeug holen, das am Ende einer Schnur

## Werkzeuge in der Luft und im Wasser

Abbildung 7. Links: Eine Krähe, die ein aus einem Schraubenbaumblatt hergestelltes Werkzeug verwendet. Rechts: Auswahl von einigen hergestellten und verwendeten Werkzeugen.
Copyright ©: M. Sibley und G. Hunt.[17]

hängt, damit ein längeres Werkzeug ergattern, das wiederum notwendig ist, um Nahrung aus einer Dose herauszubekommen.[18] Sie sind sogar in der Lage, Werkzeug einzusetzen, um ihre Umgebung zu erforschen. Das gilt insbesondere für die Geradschnabelkrähe, die kleine Zweige benutzt, um Spinnen und Schlangen abzutasten, die in ihrem Lebensraum auftauchen, vermutlich um zu überprüfen, ob sie echt sind oder nicht, bevor sie sie sich schnappt.[19] Sie ist mutig, aber nicht übermütig! Sehen wir uns ein weiteres faszinierendes Beispiel für das Erlangen von Nahrung an. Nehmen wir etwa Betty, eine Krähe, der man ein durchsichtiges Rohr darbietet, an dessen Boden sich ein Henkelkorb voller Nahrung befindet.[20] Das Rohr ist am Boden fixiert, damit der Vogel es nicht umdrehen kann, und es ist zu tief, als dass der Vogel den Korb mit seinem Schnabel erreichen könnte. Dafür bekommt Betty kleine gerade Stäbe aus Aluminium zur Verfügung gestellt. Was macht sie? Ganz spontan wird sie innovativ. Sie stellt mit einem der Stäbe einen Haken her, indem sie ein Ende unter ihren Fuß legt und das andere in den Schnabel nimmt. Durch eine Abfolge von koordinierten Bewegungen zwischen Körper, Fuß und Schnabel erreicht sie die Form, die sie haben will. Ist der Winkel zu stumpf (offen), bekommt sie den Henkel nicht zu greifen; ist er zu spitz (eng), passt der Haken nicht um den Henkel herum. Betty hingegen biegt einen optimalen Winkel, steckt ihren Stab in das Rohr und holt den Korb heraus ... Geradschnabelkrähen sind also in der Lage, ein Werkzeug zu verwenden, nicht nur, um sich Nahrung zu beschaffen (wie das viele andere Arten machen), sondern auch, um ein Objekt zu inspizieren (was schon deutlich seltener ist). Dabei haben sie keine Hände und keine entwickelte Großhirnrinde, Merkmale, die häufig der Intelligenz und dem Menschen zugeschrieben werden.

Zahlreiche Säugetiere und Vögel stellen Werkzeuge her und setzen sie ein, indem sie sich ihrer Hände, ihrer Pfoten, ihres Rüssels oder auch ihres Schnabels bedienen. Es existiert kein einmaliges Modell, noch weniger eines, das sich auf das der Menschen übertragen ließe, um eine Aufgabe zu meistern, die ein Werkzeug sowie Kreativität und Innovation beansprucht. Doch sind diese Innovationen ein spezifisches Merkmal für Säugetiere und Vögel?

## Von Spinnen und Insekten: ohne inneres Skelett und ohne Cortex!

Bislang haben wir über Wirbeltiere und große Kreaturen gesprochen: Menschen, Affen, Vögel, Elefanten, Fleischfresser ... Dabei sind Herstellung und Gebrauch von Werkzeugen nicht dem Menschen oder anderen Primaten und auch nicht Säugetieren vorbehalten. Die Hand ist kein wesentliches Merkmal, das haben wir bereits gesehen, aber braucht es nicht ein Skelett? Anders ausgedrückt: Wie verhält es sich denn mit den kleinen Kreaturen, insbesondere mit den Wirbellosen? Da wären wir dann sehr weit von der Größe und der Form des Daumens und seiner Opponierbarkeit entfernt, weit entfernt vom *Homo habilis* und der anthropozentrischen,[21] primatozentrischen, säugetierzentrischen oder gar wirbeltierzentrischen Meinung hinsichtlich des Gebrauchs von Werkzeug. Wie jetzt? Kleine Tiere ohne Wirbelsäule und innerem Skelett sollen Werkzeug benutzen? Oh ja! Fangen wir bei den Tieren an, die bei sehr vielen auf große Abneigung stoßen: Spinnen.

Spinnen sind bekannt dafür, Netze zu erstellen, wahre architektonische und technische Meisterwerke, um ihre Beute zu fangen. Dabei sind sie durchaus zu sehr viel raffinierterem Vorgehen in der Lage. Nehmen wir zum Beispiel die Bola- oder Lassospinnen *(Mastophoreae)*, die in Nordamerika leben und ihren Namen einer Jagdtechnik verdanken, die an die *gauchos* aus Lateinamerika erinnert, wenn sie die Beine ihres Viehs fesseln. Stellen Sie sich vor, wie sie ihr Seidennetz zwischen zwei

Ästen spinnt. Wie sie sich danach in der Mitte platziert und einen neuen Faden spinnt, an dem sie sich hängen lässt – und im Hinterhalt liegt. Danach führt sie ihre Mission fort, indem sie einen weiteren Seidenfaden absondert, dessen Ende klebrig ist, und diesen Faden zwischen ihren Füßen festhält. Sie ist begierig darauf, einen männlichen Nachtfalter zu fangen, ein wahrer Leckerbissen für sie, und verströmt dazu Pheromone (chemische Substanzen), die denen von weiblichen Nachtfaltern sehr ähneln. Ihre Strategie macht sich bezahlt. Schon wird ein männlicher Nachtfalter von ihrem Geruch angelockt und kommt näher. Die Bolaspinne lässt ihren Seidenfaden kreisen und wirft ihr Lasso auf den Nachtfalter, der schließlich am klebenden Ende hängen bleibt. Sie beendet ihre Jagd, indem sie den Faden einholt, an dem ihre Beute hängt, tötet diese, indem sie ihr Gift einspritzt, wickelt sie in einen Seidenkokon ein und hebt sie sich für eine spätere Mahlzeit auf. Je nach Definition für Werkzeug handelt es sich hierbei um eines oder nicht, schließlich ist die Seide ein internes und nicht vom Tier losgelöstes Element, doch ganz egal, ob es nun ein Werkzeug ist oder nicht: Dieses Verhalten ist insofern faszinierend, als diese Spinne eine ganze Reihe von Etappen planen muss, damit ihr Vorhaben gelingt; manche sprechen hier sogar von einem Erlernen, ergänzend zum zugrunde liegenden Instinkt ihres Verhaltens.[22]

Eine andere, in Namibia lebende Spinnenart *(Ariadna sp.)* wiederum lässt keinen Zweifel an ihrer Fähigkeit zum Werkzeuggebrauch. Diese Spinne gräbt einen Gang von ungefähr

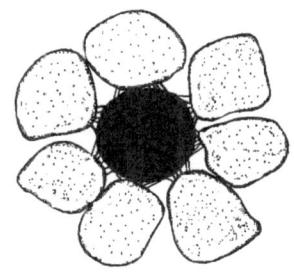

Abbildung 8. Ansicht eines Gangs von oben (modifiziert gemäß Henschel, 1995[24]). Ein Stein ist in etwa einen Zentimeter breit.

dreizehn Zentimetern Länge. Um den Eingang stapelt sie Steine auf.[23] Das Unglaubliche daran ist, dass die Steine ziemlich gleichförmig sind, was ihre Größe betrifft, und immer eine Anzahl zwischen fünf und neun um den Eingang herum gelegt werden, am häufigsten jedoch sieben (Abbildung 8). Für manche Wissenschaftler steht außer Frage, dass die Steine nach ihrem Material ausgesucht werden (Quarz wird bevorzugt) und ihre Anordnung nicht zufällig ist; manche sprechen hier sogar von Mathematiker-Spinnen! Zu diesem Verhalten wurden schon sehr viele Hypothesen aufgestellt.

Durch seine strukturierte Anordnung, die ihn von der Umgebung abhebt, könnte der Bau möglichen Beutetieren der Spinnen attraktiv erscheinen. Oder aber dieses Vorgehen dient dazu, den Bau davor zu schützen, dass Sand oder Kiesel hineinfallen und er sich füllt. Eventuell vermindert der Steinkreis aber auch das Prädationsrisiko und macht es dank des dunkleren Bereichs inmitten der hellen Flecken schwieriger, den Bau zu entdecken, da er einen schwarzen Stein statt eines Eingangs zu einem Bau vortäuschen könnte. Eine weitere Hypothese: Die symmetrische Anordnung könnte der Spinne helfen, ihren Bau inmitten von einem mit Steinen übersäten Boden zu finden – doch diese Erklärung ist fragwürdig, denn das Sehvermögen dieser Spinnen ist schwach. Es ist aber auch durchaus möglich, dass diese Steine als thermisches Schutzschild oder Abschirmung vor Staub oder Regen oder aber im Gegenteil als eine Art Feuchtigkeitssammler genutzt werden. Eine weitere Interpretationsmöglichkeit, im Übrigen die wahrscheinlichste, ist auch die faszinierendste. Laut ihr wären diese Steine durch einen Seidenfaden miteinander verbunden, der auch ins Innere des Baus führt. Stellen Sie sich vor, wie ein Beutetier auf den äußeren Seidenfaden tritt: So wird die Spinne sofort alarmiert, dass sich etwas am Eingang zu ihrem Bau befindet. Sie eilt nach draußen, fängt ihre Beute. In diesem Szenario würden die Steine sowohl als Anknüpfungspunkte für den Faden dienen als auch als Verstärker für Geräusche, und die gesamte Anordnung hätte zum Ziel, durch Vibrieren das Eintreffen einer Beute am Eingang des Baus zu signalisieren.

Doch unter den Wirbellosen verwenden nicht nur Spinnen Werkzeug: Auch Insekten bedienen sich ihrer. Mehrere Arten von südafrikanischen Heuschrecken (von der Familie der *Oecanthinae*) verwenden einen Verstärker für ihre Geräusche, um einen Partner anzulocken. Damit sie ihren Lockruf intensivieren und lauter werden lassen können, reiben sie ihre Tegmina (Deckflügel, die nicht zum Fliegen benutzt werden) am Rand eines birnenförmigen Lochs in einem Blatt.[25] Und noch immer verwenden bei den Insekten manche Wespen, wie die Gattung *Ammophila* oder *Sphex*, manchmal Werkzeug, um ihr Nest zu verschließen, in dem sie Beute oder Eier abgelegt haben. Sie wählen Steine, platzieren den größten in der Mitte und die kleinsten auf dem Nest.[26] Manchmal nehmen sie auch einen Kiesel in ihr Mundwerkzeug und benutzen ihn als Hammer, um die Erde um ihr Nest festzuklopfen.[27] Manche Ameisen der Unterfamilie *Aphaenogaster* können allein weder eine große Menge flüssiger Nahrung (des von Läusen und anderen kleinen Schnabelkerfen produzierten Honigtaus oder auch der Säfte von Pflanzen und verschiedenen Früchten) aufnehmen noch transportieren. Also teilen sie diese Flüssigkeiten durch Trophallaxis, das heißt, sie wird innerhalb einer Kolonie von einem Individuum zum nächsten weitergegeben. Acht Arten dieser Gattung benutzen kleine Gegenstände (Zweige, Blätter ...), um so Flüssigkeiten zu transportieren und zu ihrer Kolonie zu bringen.[28] Zwei davon sind sogar in der Lage, die aufnahmefähigsten Hilfsmittel dafür auszuwählen.[29] Die Roten Feuerameisen *(Solenopsis invicta)* benutzen sogar Sand, um Honig aufzunehmen, zu transportieren und zum Nest zu bringen.[30] Andere Ameisen wiederum werfen kleine Steine auf mögliche Mitstreiter.[31] Und die Ameisen der Gattungen *Oecophylla*, *Polyrhachis* und *Camponotus* bauen ihr Nest, indem sie Blätter mithilfe von Seide, die ihre Larven fabrizieren, miteinander verbinden.[32] Andere Arten wie die *Dorymyrmex bicolor* oder *Aphaenogaster cockerelli* setzen Steine und andere Gegenstände ein, um den Eingang zu ihrem Nest zu versperren[33]. Wir sollten erwähnen, dass es sich hierbei meistens um eine »kollektive Intelligenz« handelt, weil die Aufgabe nicht individuell gelöst werden kann und die Ameisen zusammen als Einheit agieren.

Abgesehen von den Ameisen könnte man hier noch weitere Insektenarten aufführen, die Werkzeug einsetzen. Da wären zum Beispiel die Ameisenjungfern *(Myrmeleon formicarius)*, die auf den ersten Blick einer Libelle ähneln und ihre Beute mit Sand bewerfen, gewisse Raubwanzen (Familie der Schnabelkerfen), die das Kartonnest von Termiten als Material nutzen, um sich zu tarnen, oder aber die Larven der Schildkäfer *(Cassidinae)*, die trockene Ausscheidungen und Exoskelette (nach der Häutung) als Schutzschilder verwenden, um Ameisen abzuwehren.

## Und im Wasser?

Ob im Wasser oder auf dem Land – zahlreiche Tiere, mit oder ohne Wirbel, benutzen Werkzeuge. Das wiederum ist sehr interessant, denn abgesehen von einigen Ausnahmen besitzen sie keine Hände. Allerdings ist nicht viel über den Gebrauch von Werkzeugen bei Wassertieren bekannt, und folglich gibt es nicht viele Beispiele. Warum? Aus einem sehr einfachen Grund: weil von den geschätzt zwei Millionen Meerestierarten gerade mal acht Prozent beschrieben sind![34]

Recherchen im Meer stellen eine beachtliche Herausforderung dar, weil der Gebrauch von Werkzeug im Zeitbudget

## Werkzeuge in der Luft und im Wasser

dieser Tiere nur einen winzigen Bruchteil ausmacht und die Wahrscheinlichkeit, sie dabei zu beobachten, somit entsprechend geringer ist als an Land. Zudem sind Beobachtungen weitgehend auf den wenig tiefen Küstenbereich beschränkt, denn pelagische Lebensräume sind nur schwer zugänglich, vor allem über den langen Beobachtungszeitraum hinweg, der für diese Art Verhalten notwendig ist. Dann ist das Interesse für den Werkzeuggebrauch bei Primaten und Vögeln schon sehr alt, wohingegen der Wasserfauna im Vergleich relativ wenig Aufmerksamkeit geschenkt wurde.[35]

Wollen wir allerdings die Evolution der Intelligenz verstehen und herausfinden, inwiefern Werkzeug einen Einfluss auf diese Evolution hatte, dann müssen wir natürlich alle Lebensräume betrachten. Was also passiert unter der Oberfläche? Trotz aller Widrigkeiten beim Sammeln von Daten ist bekannt, dass mindestens 30 im Wasser lebende Arten Werkzeuge benutzen, und es sind sowohl Meeressäugetiere als auch Fische, Kopffüßer *(Cephalopoda)*, Meeresschnecken *(Gastropoda)*, Krustentiere und Seeigel *(Echinoidea)*.[36] Genau wie bei den landlebenden Tieren ist der Kontext für den Einsatz von Werkzeug sehr unterschiedlich – Nahrungsbeschaffung, Schutz oder elterliche Fürsorge.

Fangen wir bei den Wirbeltieren an, insbesondere bei den Säugetieren des Meeres, und da bei den Tieren, die für ihre Intelligenz bekannt sind: Wale weisen ein breites Spektrum für den Einsatz von Werkzeug auf. Die Schwertwale *(Orcinus orca)* erzeugen zum Beispiel Wellen, manchmal als Einzeltiere, meistens aber in koordinierten Gruppen, um ihre Beutetiere (wie

Robben) vom Packeis zu bewegen oder um das Packeis zum Brechen zu bringen, damit sie ins Wasser fallen und gejagt werden können.[37] Der Buckelwal *(Megaptera novaeangliae)* verfolgt eine andere Strategie: Sein Ausatmen, ob allein oder in der Gruppe, lässt Blasen aufsteigen, die vertikale Netze bilden und ihre Beute zusammendrängen und einschließen, wodurch sie einfacher verschlungen werden kann.[38] Der Große Tümmler *(Tursiops truncatus)* aus Florida wiederum benutzt eine als »Schlammwände« bekannte Technik. Er schwimmt im Kreis und schlägt dabei mit der Schwanzflosse gegen den Meeresboden. Durch diese Bewegung steigt der Schlick wie eine Wand auf, hinter der die Fische gefangen sind. Völlig verwirrt versuchen sie, dieses künstlich erzeugte Netz zu überwinden, indem sie darüberspringen, geradewegs in das Maul des Tümmlers, der sie schon erwartet und im Flug auffängt![39]

Für manche Wissenschaftler zeugen diese Beispiele nicht vom Gebrauch eines Werkzeugs, da das Wasser kein von der Umgebung des Individuums losgelöstes Element ist. Dennoch handelt es sich hierbei um ein Verhalten, bei dem die Umgebung für ein bestimmtes Ziel manipuliert werden muss, weshalb man ihr durchaus Beachtung schenken sollte, will man über die Entwicklung der Intelligenz sprechen. Andere Fälle sind deutlich weniger strittig. Einer der bekanntesten betrifft etwa fünf Prozent der Großen Tümmler in der Shark Bay in Australien (*Tursiops sp.*). Diese Tümmler lösen Schwämme vom Meeresboden ab, stülpen sie als Schutz über ihre Schnauze (Schnabel), während sie im Boden herumwühlen, um

## Werkzeuge in der Luft und im Wasser

Sandbarsche aufzuscheuchen, die nicht über Echoortung auszumachen sind.[40] Diese Jagdstrategie eignen sich die Weibchen an und geben sie von einer Generation an die nächste weiter. Noch viel interessanter ist dabei vielleicht die Tatsache, dass die Tümmler den Schwamm niemals außerhalb dieser Aktivität verwenden, auf die sie sich spezialisiert haben, und dass sie etwa 96 Prozent ihrer gesamten Zeit für Nahrungssuche mit diesen Schwämmen unterwegs sind.

Genau wie bei Delfinen ist die Benutzung von Werkzeugen auch bei Seeottern auf bestimmte Arten beschränkt. Die, die es tun *(Enhydra lutris)*, benutzen häufig Steine, um die Schalen von Meeresschnecken und Muscheln aufzubrechen (darunter auch Weichtiere und Miesmuscheln). Allerdings benutzen sie diese Werkzeuge so häufig, dass sich ihr Gebrauch ausgeweitet hat und die Tiere auch gelegentliche Beute, für deren Verzehr sie kein Werkzeug benötigen würden, wie manche Krabben oder Seeigel, damit öffnen.[41] Für manche Wissenschaftler handelt es sich hier wieder nur um eine Vorstufe des Werkzeuggebrauchs, die den Einsatz eines Gegenstands einschließt, der als Auflage benutzt wird, auf dem das Tier seine Beute aufschlägt. Im Gegensatz zu den gemeinhin von Fischen als Amboss verwendeten Flächen, wie Felsen, an denen sie ihre Muscheln aufschlagen (Lippfische zum Beispiel), bearbeiten Seeotter ihren Amboss und verwenden auch eine Art Hammer; außerdem wissen wir, dass sie Krabben in Tang (Algen) einwickeln, um sie zu immobilisieren und so zu verspeisen. Sie verwenden auch Werkzeug unter Wasser, etwa Steine oder große Muscheln, um

Seeohren von ihrem Untergrund zu schlagen.[42] Es gibt auch Beweise für die Spezialisierung innerhalb der Seeotter, denn manche setzen automatisch besondere Werkzeuge oder spezifische Techniken ein.[43]

Unter den im Wasser lebenden Wirbeltieren setzen auch Fische ihre Umgebung zielgerichtet ein. Hunderte Fische fächeln ihren Eiern zum Beispiel Wasser zu, damit sie sauber bleiben und oxydiert werden.[44] Die *Osphronemidae*, Süßwasserfische aus Asien, stoßen einen Wasserstrahl aus, um ihre Eier an der Wasseroberfläche zu platzieren.[45] Sehr viele andere Fische, wie Toxotes (oder Schützenfische), Kugelfische, Drückerfische und Rochen sind dafür bekannt, Wasserstrahlen einzusetzen, um ihre Beute zu lokalisieren und zu fangen.[46] Andere Fische benutzen losgelöste Gegenstände vom Substrat für ihre elterliche Fürsorge. So wirbelt der Riffbarsch *(Stegastes leucorus)* das Wasser über der felsigen Oberfläche seines Nests auf, um sie vor der Eiablage zu säubern. Noch immer bei den Fischen: Die Gattung der Buntbarsche und zumindest eine Art der Welsartigen legen ihre Eier auf losgelösten Blättern oder herumschwimmendem Abfall ab, der umplatziert werden kann, sollten die Eier in Gefahr sein.[47] Erachtet man die Blätter als Transportmittel, dann handelt es sich hierbei sehr wohl um die Anwendung eines Werkzeugs. Manche Fische, wie die Lippfische zum Beispiel, nehmen Muscheln in ihr Maul und transportieren sie so manchmal über lange Strecken bis zu einem Felsen, der ihnen zusagt, um ihn als Untergrund zum Aufschlagen ihrer Muscheln zu verwenden.[48] Auch hier handelt es sich wiederum »nur« um eine Vorstufe des Werkzeuggebrauchs (kein Gegenstand wird aus seinem Umfeld gelöst), aber dieses Verhalten ist nicht minder interessant, schließlich wendet das Tier eine tatsächliche Strategie an, um den geeigneten Felsen zu finden und damit sein eigentliches Ziel zu erreichen.

Abgesehen von den Fischen ist unlängst von einem Beispiel des Werkzeuggebrauchs bei Reptilien berichtet worden.[49] Ein zusätzlicher Grund also, falls tatsächlich einer benötigt wird, weshalb uns Krokodile und Alligatoren Respekt einflößen sollten. Letztere verwenden tatsächlich kleine Zweige als Köder für die Jagd. Vor einigen Jahren ist amerikanischen Wissenschaftlern in einem Zoo aufgefallen, dass Krokodile und Alligatoren kleine Zweige auf ihrem Maul platzierten. Sie bewegten sich kaum und achteten darauf, dass die Zweige nicht herunterfielen. Was bezweckten sie damit? Vögel, die ihre Nester bauen wollten, versuchten diese Zweige zu ergattern. Genau in dem Moment stürzten sich die Raubtiere auf sie. Dementsprechend stellt sich die Frage, ob das Opportunismus oder eine tatsächliche Jagdstrategie ist. Um diese Frage zu beantworten, haben Wissenschaftler diese Reptilien an vier verschiedenen Orten in Louisiana beobachtet. Sie haben eindeutig gezeigt, dass die Reptilien in der Nähe von Reiherkolonien oder während der Paarungs- und Nestbauzeit dieser Vögel sehr viel häufiger Zweige auf dem Maul ablegen. Wir haben hier den ersten Fall vom erwiesenen Werkzeuggebrauch bei Reptilien.

Abgesehen von im Wasser lebenden Wirbeltieren manipulieren auch im Wasser lebende Wirbellose manchmal

Gegenstände, die als Werkzeug eingesetzt werden können, sei es, um sich zu ernähren oder aber um sich zu schützen oder zu tarnen. Bei den Weichtieren (mit sichtbarem oder verstecktem Gehäuse) sind die Kopffüßer (acht Beine, gemeinhin Tintenfisch genannt) für ihre Intelligenz bekannt.[50] Sie verwenden zum Beispiel Gegenstände, um zweischalige Muscheln in offener Position zu blockieren, damit sie ihre Beute im Inneren in aller Ruhe verspeisen können.[51] Sie benutzen Werkzeug auch gern, um sich zu schützen. Der Ader-Oktopus *(Amphioctopus marginatus)*, nunmehr mit dem Spitznamen »Kokosnuss-Oktopus«, wandert zum Beispiel mit zwei Kokosnusshälften durch indonesisches Gewässer. Stellen Sie sich diesen Oktopus vor, der sich im Übrigen auf zwei Beinen (Tentakeln) vorwärtsbewegt, wie er zwei von Menschen weggeworfene Kokosnusshälften einsammelt, sie bis in eine Tiefe von 20 Metern befördert, um damit ein kugelförmiges Versteck für sich zu bilden. Dieselbe Art benutzt im Übrigen verfügbaren Schutt, um eine Verteidigungsfestung zu errichten, wie das auch der Gewöhnliche Krake *(Octopus vulgaris)* tut, indem er eine Mauer aus Steinen, Glas und anderen Gegenständen vor dem Eingang zu seiner Höhle errichtet.[52] Und noch immer bei den Kopffüßern: Kalmare und Tintenfische sind weit mehr als nur wahre Genies der Tarnung. Sie nutzen das Wasser gewissermaßen als Vorstufe eines Werkzeugs, um sich zu schützen, und graben sich mithilfe seiner Strömung in den Sand ein.[53] Bei den Krustentieren (vier Antennen) gibt es mindestens vier Arten von Krabben, die verschiedene Gegenstände transportieren oder

»tragen«, wie zum Beispiel Pflanzenrückstände, Muscheln, Algen oder Wassertiere, um sich zu tarnen und sich so vor anderen Raubfischen, vor den Elementen und auch vor ihren Artgenossen zu schützen.[54] Die Einsiedlerkrebse brauchen einen äußeren Schutzmantel für ihren Hinterleib. Manche von ihnen *(Dardanus sp.)* schützen sich, indem sie die Muscheln anderer Arten verwenden, in anderen Worten, sie sind Hausbesetzer, die sich die Muscheln von anderen zunutze machen. Manchmal werden sie aber auch selbst ausgenutzt, und zwar dann, wenn sich Seeanemonen an ihre Muschel hängen, um so transportiert zu werden. Doch damit nicht genug, denn manchmal nehmen sie die Seeanemonen mit ins Innere ihrer Muschel, um sich so vor Angriffen durch Kraken zu schützen oder um Hilfe beim Ergreifen von Beute zu bekommen.[55] Eine Hand wäscht die andere! Krebse weisen sogar ganz erstaunliche Greiffähigkeiten auf, wie ich gerade mit meinem Kollegen Raphaël Cornette erforsche. Abgesehen von Kopffüßern und Krustentieren gibt es unter den Stachelhäutern (sie tragen das Skelett in der Haut) mindestens drei Seeigelarten, die sich zum Schutz mit verschiedenen Gegenständen schmücken.[56]

Wie diese ganzen Beispiele belegen, existiert das Werkzeug also auch unter Wasser, selbst wenn es dort seltener zum Einsatz kommt als an Land und sich die Werkzeugtypen von denen unterscheiden, die die Tiere an Land verwenden. Diejenigen, die Werkzeuge im Wasser verwenden, nutzen tatsächlich häufiger lebende Tiere oder deren »Organe« als die an Land lebenden. Viele der im Wasser lebenden Filtrierer (die ihre

Nahrung aus dem Wasser filtern) sind sessil (fest mit einer Unterlage verbunden) und stehen selbst als Werkzeug zur Verfügung. Außerdem zersetzen sich die als Werkzeug genutzten »Organe« der im Wasser lebenden Tiere nicht schnell. Dass landlebende Tiere nur selten andere Tiere oder ihre »Organe« als Werkzeug verwenden, lässt sich daher vermutlich auf zweierlei zurückführen: Zum einen zersetzen sich diese an Land geläufigen »Organe« schnell, zum anderen stehen den Tieren hier eine Vielzahl von Gegenständen pflanzlichen Ursprungs zur Verfügung.

Im Wasser lebende Tiere können ihre Umwelt noch dazu einfacher manipulieren als die landlebenden Arten. Das erklärt bestimmt auch, warum in der aquatischen Umwelt Wasser als Werkzeug oder Urform von Werkzeug eingesetzt wird. Es sollte ebenfalls erwähnt werden, dass der Gebrauch von Werkzeug im Wasser nicht nur so selten ist, weil die Beobachtung, wie bereits erwähnt, dort schwieriger ist als an Land, sondern auch, weil für Werkzeuge schlicht keine Notwendigkeit besteht. Nehmen wir folgendes Beispiel. Die Delfinartigen (Delfine, Wale, Grindwale ...) besitzen, proportional zur Gesamtgröße, größere Gehirne als Primaten (mit Ausnahme des Menschen). Folglich könnte man erwarten, dass sie häufig Werkzeuge verwenden. Dem ist aber nicht so. Da sie über ein sehr ausgeklügeltes System der Echoortung verfügen, das bei zahlreichen Verhaltensweisen (darunter dem Auffinden von Nahrung) eingesetzt wird, haben sie vermutlich keinen großen Bedarf an Werkzeug.[57] Abgesehen davon hat bei den Delfinen und Seeottern, die doch Werkzeuge verwenden, vermutlich die Notwendigkeit, den Konkurrenzkampf zu verringern, noch dazu bedingt durch einen kleinen, begrenzten Lebensraum, bei manchen Individuen dazu geführt, Werkzeug einzusetzen, um ihren Nahrungsbedarf zu decken. Die Spezialisierung deckelt so den Konkurrenzkampf. Es ist also unerlässlich, den Kontext und die anatomischen oder physiologischen Fähigkeiten eines Tieres zu kennen, bevor man Rückschlüsse auf seine vorhandene oder nicht vorhandene Intelligenz zieht, vorausgesetzt natürlich, man erachtet den Gebrauch von Werkzeug als geeigneten Indikator für Intelligenz.

KAPITEL 4

# Technik und Kreativität

## Konstruktionen und die Manipulation von Objekten im Tierreich

Der Gebrauch von Werkzeugen gilt schon seit Langem als Indikator für Intelligenz,[1] was vermutlich direkt mit der Tatsache in Zusammenhang steht, dass die Herstellung und Verwendung von Werkzeugen laut vielen Wissenschaftlern eine menschliche Besonderheit darstellt, ein Verhalten, das den Menschen von den anderen Tieren trennt.[2] Als entdeckt wurde, dass Schimpansen regelmäßig Werkzeug herstellen und verwenden, wurde die Definition der menschlichen Gattung als solche ins Schwanken gebracht. Statt sich nun die Fragen zu stellen, warum zum Beispiel Hunderte Arten Werkzeug benutzen und andere hingegen nicht, wie sich dieses Verhalten entwickelt hat, warum genau, in welcher Nachkommenschaft und inwiefern das besonders ist, haben manche Wissenschaftler versucht zu beweisen, inwiefern sich die Verwendung von Werkzeug beim Menschen von der bei Tieren unterscheidet, immer mit der unterschwelligen und bisweilen unbewussten Vorstellung, aufzeigen zu können, dass Menschen intelligenter als andere Arten sind. Wie wir noch sehen werden, ist diese Darstellung alles andere als überzogen.[3]

## Ist der Gebrauch von Werkzeug wirklich ein Indiz für Intelligenz?

Ist das Werkzeug wirklich notwendigerweise ein Synonym für Intelligenz? Eines der vorgebrachten Argumente, mit dem erklärt werden soll, inwiefern die Verwendung von Werkzeug die Intelligenz reflektiert, besteht in der Wechselbeziehung, die zwischen dem Verhalten und der Größe des Gehirns etabliert wurde, sowohl bei Primaten als auch bei Vögeln.[4] Das Verwenden von Werkzeug wird darüber hinaus auf der kognitiven Ebene als anspruchsvoll erachtet,[5] wie die Tatsache beweist, dass ein junger Schimpanse mehrere Jahre der Beobachtung braucht, um zu lernen, wie man ein Werkzeug herstellt, und dann noch weitere vier Jahre, um zu erlernen, wie man Termiten angelt, oder zwischen drei und fünf Jahren, um Nüsse zu knacken.[6] Es gibt aber auch andere Strategien. Der Spechtfink *(Camarhynchus pallidus)* entwickelt zum Beispiel den Gebrauch von Werkzeugen mehr durch ein individuelles Lernen mit der Methode »Versuch und Irrtum« als durch soziales Lernen, indem er andere Individuen beobachtet.[7] Die Geradschnabelkrähen wiederum stecken Zweige in Spalten, ob sie nun beobachtet haben, wie ein anderer ein Werkzeug verwendete oder nicht.[8] Das soziale Erlernen ist vielleicht entscheidend für das Übermitteln von ausgefeilten Techniken für die Herstellung von Werkzeugen, wir dürfen aber nicht vergessen, dass es unterschiedliche Herstellungsformen und Anwendungstypen für die Werkzeuge gibt sowie unterschiedliche Kontexte und dass es letztlich unmöglich ist, verallgemeinernde Schlussfolgerungen über die Verbindung zwischen Werkzeug und Intelligenz zu treffen. Auch wenn gewisse Verhaltensweisen für die Verwendung von Werkzeug sehr komplex zu sein scheinen, so ist das doch kein Grund, sie auf der Ebene der Intelligenz einzusortieren, weil andere Verhaltensweisen, wie zum Beispiel die räumliche Orientierung, ebenfalls nach sehr vielen Fähigkeiten verlangen (siehe nachfolgende Kapitel). Wir wissen auch, dass bei der Verwendung von Werkzeug sehr unterschiedliche Beispiele auftauchen, deren kognitive Inhalte (Erinnerung, Antizipation etc.) je nach Art und auch zwischen den Individuen innerhalb einer Art variieren. Darüber hinaus verwenden manche Tiere nur einen Typ Werkzeug oder ein Protowerkzeug in einem besonderen Kontext (der Schützenfisch stößt eine Wasserfontäne über die Wasseroberfläche hinaus, um Insekten herabstürzen zu lassen, und verwendet diese Technik in keinem anderen Kontext),[9] während andere in der Lage sind, zahlreiche Werkzeuge in unterschiedlichen Kontexten einzusetzen (Nahrung fangen, sich putzen, sich verteidigen ...). Mancher Werkzeuggebrauch wird dabei als Verhaltensspezialisierung bezeichnet (eine Art verwendet ein Werkzeug zu einem bestimmten Zweck), wohingegen andere als innovative Verhaltensweisen erachtet (eine Art benutzt einen Stock, um Nahrung zu erlangen, und verwendet ihn danach, um sich die Zähne zu putzen) und demzufolge als intelligenter eingestuft werden, weil sie über zwei Schlüsselelemente verfügen: Adaptabilität und Kreativität. Manche Individuen sind also in der Lage, alte Lösungen zu benutzen, um neue Probleme zu lösen, aber auch neue Lösungen für alte, ungelöste Probleme zu finden oder aber neue Lösungen für neue Probleme. Menschenaffen wie Orang-Utans oder auch Schimpansen können alles miteinander vereinen, das heißt, ein Werkzeug vielfältig einsetzen und ein Ziel mithilfe von unterschiedlichen Werkzeugen erreichen.

Ein weiteres Element kommt infrage, um eine Verbindung zwischen Werkzeug und Intelligenz herzustellen: die Hierarchisierung in der Komplexität, die den Einsatz von Werkzeug verlangt. Manchmal besteht eine Lösung nicht nur darin, ein Werkzeug zu benutzen, sondern es herzustellen oder eine Reihe von mehreren Werkzeugen einzusetzen oder für das Erreichen eines Ziels verschiedene Neuerungen miteinander zu verbinden.[10] Der flexible und gebündelte Einsatz von Werkzeug (die Werkzeuge werden an die Aufgabe angepasst und schließen verschiedene Neuerungen ein) erweist sich als ein Vorgehen mit Absichten und Planung und nicht nur als ein direktes und automatisches Reagieren auf Reize, weshalb er als intelligent erachtet werden kann.[11] Ein weiteres Element, das ebenfalls dazu beiträgt, den Werkzeuggebrauch als Indiz für

Intelligenz zu erachten, besteht darin, dass er im Tierreich nur relativ selten zum Einsatz kommt. Tatsächlich gibt es zahlreiche Arten, die hin und wieder Werkzeuge einsetzen, allerdings tritt ein regelmäßiger Gebrauch derselben sehr viel seltener auf. Und genau diese Seltenheit lässt viele vermuten, dass der Einsatz von Werkzeug ein Zeichen von Intelligenz ist. Seltenheit ist jedoch kein Synonym für Intelligenz.

Auch ein weiterer Punkt verdient unsere Aufmerksamkeit: der Platz des Werkzeugs in der Handhabung im weiteren Sinn. Tatsächlich ist es sehr wahrscheinlich, dass manche Aufgaben, bei denen etwas manipuliert werden muss, wenn zum Beispiel schwierig erreichbare Nahrung extrahiert werden soll, um sie verzehren zu können, manchmal komplexer sind als die Handhabung von Werkzeug, wie zum Beispiel einen Stock zu ergreifen, um Nahrung zu sich zu ziehen, oder einen Stein zu werfen, um ein Ei aufzubekommen. Sehen wir uns ein Beispiel an. Wir sind im Jahr 2001 im Vallée des Singes, dem Zoo von Vienne, wo die Tiere von großen bewaldeten Flächen im Außenbereich profitieren. Ich beobachte Weibchen von Kapuzineraffen in ihrer Halbfreiheit auf ihrer kleinen, zum Teil von Wasser umgebenen »Insel«. Eine der verschiedenen Nahrungsquellen weckt die Neugier von Fetnat, einem kleinen Weibchen der Gruppe, ganz besonders: die Kastanien. Diese Frucht scheint sie sehr zu interessieren, doch stellt sich ihr ein größeres Problem: Die Kastanie ist in einer mit starren Stacheln versehenen Schale eingeschlossen. Wie bekommt man sie auf? Hier zeigt Fetnat Kreativität. Zunächst taucht sie die Kastanie mit der

Schale lange Zeit ins Wasser ihres Geheges. Dann holt sie sie aus dem Wasser und führt einen ersten Test durch, indem sie die Stacheln mit Fingern und Mund berührt. Daraufhin beschließt sie, die Schale zurück ins Wasser zu legen, bis die Stacheln weich genug sind, dass sie versuchen kann, die Schale mit den Händen zu öffnen. Sobald dieser erste Schritt erfolgt ist (die Stachel weich machen), fängt sie mit koordinierten Bewegungen der linken und der rechten Hand an, benutzt dabei hauptsächlich ihre Handballen (die vermutlich weniger empfindlich sind als die Finger) und übt damit gleichmäßig Druck auf die Schale aus, um die Kastanie nach und nach zu öffnen. Nach dem zweiten Schritt (die Schale öffnen) muss noch die Kastanie selbst geöffnet werden, was sie vollbringt, indem sie mehrfach hineinbeißt und sie vorsichtig mit den Fingerspitzen aufzieht.

Dieses Beispiel zeigt eindeutig, dass mehrere komplexe Schritte vonnöten sind, sowohl auf kognitiver Ebene (verstehen, dass das Wasser die Stacheln weich werden lässt) wie auch auf funktionaler Ebene (Schwierigkeiten beim Öffnen), die bei so manchem Werkzeuggebrauch nicht zum Einsatz kommen. Das trifft auch bei diversen Vorstufen des Werkzeuggebrauchs zu, wie dem Aufbrechen von Nüssen bei den Kapuzineraffen, die sich einen sehr harten Untergrund suchen, um das Öffnen zu optimieren. In diesem Rahmen benutzen die effizientesten Individuen auch besondere Strategien des Vorgehens: Sie richten die Nuss schnell neu aus, häufig vor jedem Schlag, um auf die Schwachstelle der Nuss zu treffen. Die erwachsenen Weibchen benutzen dieselbe Strategie, um eine Kokosnuss zu öffnen, indem sie sie auf den Boden schlagen.[12] Je häufiger das Individuum seine Nuss ausrichtet, umso weniger Schläge braucht es. Anders ausgedrückt, ein Werkzeug verlangt nicht zwingend nach mehr Komplexität oder Intelligenz als andere Handhabungen. Eine weitere Vorgehensweise, die ich, wenn auch seltener, bei den Kapuzineraffen beobachten konnte, besteht in ihrer Fähigkeit, auf alles Mögliche zu klopfen. Manche Individuen, die ganz versessen auf Würmer und kleine Larven sind, klopfen mit den Fingern auf ganz bestimmte Bereiche: kleine, zum Teil abgestorbene Äste. Es ist sehr wahrscheinlich, dass manche Kapuzineraffen diese raschen Bewegungen ausführen, um je nach Ton (dumpf oder voll) und ihrem taktilen Empfinden (Härtegrad des Holzes) herauszufinden, wo sich in diesen Ästen Gänge befinden. Wir dürfen nicht vergessen, dass der Daumen der Kapuziner nicht komplett opponierbar ist; und doch können sie ganz hervorragend mit Werkzeug umgehen – und das wirklich in jeder Hinsicht.

Das nächste Beispiel hilft uns zu verstehen, warum es manchmal so wichtig ist, die Fähigkeiten zur Manipulation von Gegenständen zu untersuchen, wenn wir sehr unterschiedliche Arten miteinander vergleichen wollen, auch wenn wir dabei den Werkzeuggebrauch außen vor lassen. Wie soll man die Intelligenz von zwei Arten untersuchen, wenn sie angesichts der Tatsache, dass mit jeder Aufgabe andere Einschränkungen und eine unterschiedliche Komplexität einhergehen, nicht dieselben Werkzeugtypen benutzen? Eine Möglichkeit besteht darin, sich anzusehen, ob sie angesichts einer Aufgabe in der Lage sind, gleiche Fertigkeiten zu beweisen. Wir sind im Jahr 2013 in der Ménagerie du Jardin des Plantes (im Muséum national d'histoire naturelle). Ich will herausfinden, ob zwei von der Anatomie her sehr unterschiedliche Tierarten, die aber eine gleiche Umgebung und identische Nahrungsquellen gemein haben, in der Lage sind, eine komplexe Geschicklichkeitsaufgabe zu lösen. Einfach ausgedrückt, ich versuche herauszufinden, ob zwei Tierarten, die diese grundlegenden Punkte gemein haben, in der Lage sind, dieselbe Aufgabe zu lösen, obwohl eine von ihnen Hände besitzt und die andere stattdessen einen Schnabel. Zusammen mit meiner Studentin Anaïs Brunon und meiner Kollegin Dalila Bovet beginne ich also, die Fähigkeiten zum Öffnen eines Kastens bei den Kapuzineraffen *(Sapajus xanthosternos)* und den Gelbbrustaras *(Ara ararauna)* zu untersuchen. Die Aufgabe besteht darin, einen Kasten zu öffnen, dessen Verschluss unterschiedliche Handgriffe benötigt (drücken, ziehen oder einen Riegel drehen), um an die Nahrung im Inneren zu kommen (Abbildung 9). Erster Schritt: den Kasten bei den Aras ausprobieren. Sie wird auf den Boden ihres Vogelkäfigs gestellt. Die Reaktion der Aras lässt nicht lange auf sich warten: Panik bricht aus! Dieser neue Gegenstand macht der Gruppe Angst. Der ganzen Gruppe? Nein. Eines der Individuen, Bigboss, macht sich auf, um diesen Kasten zu erkunden, während sich alle anderen gemeinsam ans andere Ende des Käfigs verzogen haben, möglichst weit nach oben, wo sie ohne Unterlass kreischen. Bigboss, der Erforscher, nähert sich dem Kasten vorsichtig, bleibt mit

Objekte im Tierreich

**Abbildung 9.** Cayenne (Kapuzineraffe) und Sierra (Gelbbrustara) öffnen einer Kasten (Ménagerie du Jardin des Plantes, Muséum national d'histoire nature le). Copyright ©: A. Brunon.

einem Meter Abstand dazu stehen, hüpft darum herum, während er ihn ansieht und ab und an einen Schrei ausstößt. Die anderen beugen sich am anderen Ende nach vorn und stoßen nach wie vor ein ohrenbetäubendes Gekreische aus. Nach einer Stunde hat Bigboss den Kasten noch immer nicht berührt, und um die Gruppe etwas zu beruhigen, beenden wir den Versuch, obwohl wir sehr ungeduldig sind. Wir nehmen uns vor, es am nächsten Tag erneut zu versuchen. Bei den Kapuzineraffen gehen wir genauso vor. Der erste Kasten steht auf dem Boden. Nach einer Stunde völligen Desinteresses der Kapuzineraffen für den Kasten, aber ohne dass dieser eine Panik ausgelöst hätte, kommen wir zum gleichen Ergebnis wie bei den Aras. Wir werden es am nächsten Tag erneut versuchen ...

Der zweite Versuch ist für beide Arten der richtige, auch wenn manche Individuen mehr Interesse und Motivation zeigen als andere. Nach zwei Monaten des Beobachtens haben wir die Resultate: Beide Arten sind in der Lage, ihr Verhalten anzupassen, um drei verschiedene Kästen zu öffnen, indem sie Handlungen durchführen, für die komplexe motorische Techniken der Manipulation vonnöten sind. Allerdings haben sie nicht dieselben Techniken angewandt. Die Kapuzineraffen haben, typisch für sie, die Kästen viel berührt, damit hantiert, daraufgeschlagen und daran gerieben, bevor sie sie rasch mit den Händen öffneten, wohingegen die Aras ihren Schnabel und ihre Zunge benutzten und ein weniger erforschendes Verhalten an den Tag legen.[13]

## Was sind die neuronalen Grundlagen für Geschicklichkeit und den Gebrauch von Werkzeug?

Wenn die morphologischen Merkmale, die es ermöglichen, Werkzeuge herzustellen und zu gebrauchen, je nach Art sehr variieren und somit unmöglich gesagt werden kann, dass dieses oder jenes Merkmal für ein solches Verhalten notwendig ist, was hat es dann mit den neuronalen Grundlagen auf sich? Braucht es ein besonderes Gehirn? Es ist sehr schwierig, diese Frage zu beantworten. Im Gegenteil zum neuronalen Schaltkreis für den Werkzeuggebrauch beim Menschen, der dank der Techniken des Neuroimagings ausführlich aufgezeichnet wurde, bleibt unser Verständnis für die neuronalen Grundlagen in Sachen Werkzeuggebrauch bei den Säugetieren und Vögeln, ganz zu schweigen von den Wirbellosen, höchst spekulativ. Der Gebrauch von Werkzeugen wird sehr häufig mit der Intelligenz assoziiert, und bei den Primaten genau wie bei den Vögeln scheint dieses Verhalten mit einer schnellen Problemlösung, der Innovation und den großen Gehirnbereichen für exekutive Funktionen (Frontallappen, aber auch präfrontaler Cortex und Parietallappen) in Verbindung zu stehen.[14] Wir wissen zudem, dass es bei Vögeln eine Relation zwischen der Häufigkeit der Verwendung von Werkzeug und der Größe des Gehirns gibt[15] und bei den Primaten zu der des Neocortex,[16] außerdem steht fest, dass die Arten, die Werkzeug benutzen, über ein größeres Gehirn verfügen und somit für intelligenter erachtet werden, weil sie Werkzeuge mit einem bestimmten Ziel einsetzen.

Die vollständigsten Studien über neuronale Grundlagen zum Gebrauch von Werkzeugen bei Tieren (Menschen ausgeschlossen) sind bei Japanmakaken *(Macaca fuscata)* durchgeführt worden.[17] Die Studien konzentrieren sich auf den Motorcortex und den prämotorischen Cortex und weisen nach, dass komplexe neuronale Netze die feinmotorischen Bewegungen steuern, die für den Gebrauch von Werkzeug notwendig sind. Wie es scheint, sind die grundlegenden motorischen und sensorischen Verbindungen bei den Säugetieren und den Vögeln sehr ähnlich.[18] Allerdings gibt es noch viele Grauzonen, denn leider fehlt uns das Verständnis für die kognitiven Vorgänge, die von den verschiedenen sogenannten intelligenten Bereichen des Gehirns ausgeführt werden. Hier gibt es noch sehr viel zu erforschen.[19] Eine interessante Entdeckung lässt wiederum auf weitere schließen: Gewisse Bereiche des Kleinhirns (Drillingsnerv und Sehnerv), die beim Menschen das Erlernen motorischer Techniken kontrollieren, steuern auch die exakten Schnabelbewegungen bei den Vögeln und sind vermutlich an der Manipulation von Gegenständen (wie wir es bei dem Ara Bigboss und den Kästen gesehen haben) und am Gebrauch von Werkzeug beteiligt. Diese Bereiche des Gehirns sind wiederum (unabhängig von der Körpergröße und der Gesamtgröße des Gehirns) bei den Rabenvögeln, den Papageien und den Spechten größer als bei anderen Arten, die ihren Schnabel beim Hantieren nicht so gezielt einsetzen.[20] Doch auch hier halten sich nach wie vor viele Probleme und Unverständnis, da das Verhältnis zwischen Größe des Gehirns oder Größe eines Bereichs des Gehirns und dem Gebrauch von Werkzeug oder der Intelligenz nach wie vor sehr spekulativ ist. Diese Dimensionen könnten ebenso gut mit anderen Formen von feinmotorischen Manipulationen zusammenhängen (der Herstellung von Nestern zum Beispiel) oder auch mit ganz entfernten Parametern (Ernährung? Sozialleben?). Wie soll man darüber hinaus auf neuronaler Ebene den Gebrauch von Werkzeugen bei Kopffüßern, Fischen, Spinnentieren oder gar manchen Insekten wie den Ameisen oder Wespen erklären? Nicht alle besitzen dasselbe Nervensystem, und es ist offensichtlich, dass jede Art ihre eigenen Strategien in Sachen Verhalten (ob nun individuell oder kollektiv, mit oder ohne Erlernen etc.), Motorik und vermutlich auch neuronale Verbindungen entwickelt hat, um diese Aufgaben zu meistern. Es ist ebenfalls möglich, dass das Gehirn von manchen Arten, allem Anschein zum Trotz, den Fähigkeiten unseres Gehirns nähersteht, als wir vermuten. Das Gehirn von Fischen ist zum Beispiel dem des menschlichen Gehirns ähnlicher als bisher angenommen, und manche behaupten sogar, Fische hätten ein Bewusstsein, seien in der Lage, Schmerzen zu empfinden, und besäßen ein Langzeitgedächtnis.[21] Und hier ist die Vielfältigkeit des Nervensystems von Insekten noch nicht einmal einbezogen, deren komplexes Verhalten unmöglich nur ein paar Neuronen zugeschrieben werden kann.

Wir haben also noch einen langen Weg vor uns, um zu bestimmen, ob es etwas Besonderes in den Gehirnen der Arten gibt, die Werkzeuge benutzen, im Vergleich zu denen, die im Verlauf komplexer Aufgaben viel, und denen, die nur wenig manipulieren. Ohne weitere umfassende Daten über das Verhalten aus neuroanatomischen und neurophysiologischen Studien bleiben sehr viele Fragen offen, und genau das ist etwas, das wir erforschen wollen.

## Wer hat die ersten Werkzeuge hergestellt?

Wer hat die ersten Werkzeuge hergestellt und wann? War es ein Gliederfüßer vor 600 Millionen Jahren? Ein Fisch oder ein Kopffüßer vor 500 Millionen Jahren? Ein Spinnentier oder ein Insekt vor 400 Millionen Jahren? Ein Säugetier vor 230 Millionen

Jahren? Ein Vogel vor 150 Millionen Jahren? Ein Primat vor 65 Millionen Jahren? Ein Mensch vor drei Millionen Jahren? Es ist völlig unmöglich, das zu beantworten, denn das Verhalten fossilisiert nicht, die mit dem Werkzeug zusammenhängenden morphologischen Merkmale sind sehr strittig, wie wir bereits gesehen haben, und nur weil eine heutige Art Werkzeuge herstellt und/oder benutzt, heißt das noch lange nicht, dass ihre Vorfahren das auch getan haben. Man kann jedoch auf eine Sache schließen, ohne ein zu großes Risiko einzugehen: Die Wahrscheinlichkeit, dass ein Mensch das erste Werkzeug hergestellt und benutzt hat, ist sehr gering. Sehr viele Arten benutzen Werkzeuge, und das in sehr unterschiedlichen Kontexten: zum Zubereiten und Extrahieren von Nahrung, zum Transport von Nahrung, zum Jagen, zur Körperhygiene, zum Anlocken eines Partners, bei manchen Nestkonstruktionen, bei Auseinandersetzungen, zur Verteidigung gegen Fressfeinde, zum Schutz (vor Regen, Dornen) etc. Folglich ist das Werkzeug im Lauf der Evolution vermutlich zu unterschiedlichen Momenten, in unterschiedlichen Formen und verschiedenen Entwicklungslinien aufgetaucht und wird mit diversen Kontexten und verschiedenartigen morphologischen und kognitiven Fähigkeiten assoziiert. Auf keinen Fall ist der Werkzeuggebrauch allein auf den Menschen beschränkt, selbst wenn er im Tierreich im Vergleich zu anderen Verhaltensweisen seltener vorkommt. Und doch scheinen die Arten, die Werkzeuge benutzen, einen besonderen Status innezuhaben, ob nun bei Wissenschaftlern oder bei der breiten Öffentlichkeit. Jede neue Entdeckung, die ein

## Objekte im Tierreich

anderes Tier bei der Verwendung eines Werkzeugs zeigt, hat immer etwas Faszinierendes. Wahrscheinlich sind diese Reaktionen auf unsere Besessenheit davon zurückzuführen, beständig herausfinden zu wollen, was uns dem restlichen Tierreich näherbringt oder uns von ihm trennt, und immer haben wir diese eine Idee im Hinterkopf, dass ein Tier, das Werkzeug benutzt, intelligenter sein muss als eines, das keines benutzt. Dabei ist die Realität deutlich komplizierter. Wenn manche Arten keine Werkzeuge in ihrer natürlichen Umgebung benutzen, dann nicht, weil sie nicht intelligent genug dafür sind, sondern häufig, weil sie keinen Nutzen davon haben. Inwiefern wäre es zum Beispiel für eine Amphibie sinnvoll, ein Werkzeug zu benutzen, um Nahrung zu fangen, wenn sie doch ihre Zunge dafür verwenden kann? Warum sollte ein Gorilla einen Stock benutzen, um Termiten zu angeln, wenn er doch deutlich einfacher an sie herankommt, indem er ihre Nester schüttelt? In dieser Hinsicht sind experimentelle Arbeiten äußerst aufschlussreich. Sie zeigen eindeutig, dass die Arten von Primaten und Rabenvögeln, die kein Werkzeug benutzen, ein ähnlich hohes Niveau beim logischen Denken haben und dieselben Aufgaben lösen können[22] beziehungsweise im Vergleich zu denen, die Werkzeuge benutzen, in manchen Fällen sogar ein überlegenes Denken an den Tag legen.[23] Nur weil eine Art in ihrem natürlichen Umfeld kein Werkzeug benutzt, heißt das nicht, dass sie das grundsätzlich nicht tun kann. Ich erinnere mich noch gut an den Tag, als wir im Zoo von Beauval große, mit engen Löchern versehene Holzklötze ins Gorillagehege gelegt haben. Die Löcher, in die wir Feigen gestopft hatten (nach denen Gorillas ganz verrückt sind), waren so eng, dass die Gorillas mit ihren Fingern nicht in die Löcher kamen. Kaum hatten die Gorillas diese Holzklötze gesehen, zogen sie auch schon die Blätter von Ästen, brachen sie mit entsprechendem Umfang und Abmessung für die Tiefe der Löcher ab und holten die Früchte heraus.[24] Es bedeutet also keinesfalls, dass eine Art nicht in der Lage ist, Werkzeug einzusetzen, nur weil sie das in ihrem natürlichen Umfeld nicht tut. Genau darum geht es bei den Studien in Gefangenschaft, die die Feldstudien komplementieren: aufzuzeigen, wozu Arten und Individuen fähig sind. Die natürliche Umgebung ist da, um uns das Wesentliche in Erinnerung zu rufen: ihre Fähigkeit, sich anzupassen.

Sicher ist jedenfalls, dass sehr viele Arten in der Lage sind, in unterschiedlichen Kontexten Werkzeuge zu benutzen, indem sie verschiedene Techniken und Organe einsetzen.[25] Ob man nun einen Schnabel, einen Rüssel, Tentakel oder Hände hat, ändert nichts daran. Auch nicht, ob man im Wasser oder auf dem festen Land lebt. Oder ein kleines oder ein großes Gehirn besitzt. Oder ob man über eine Million Neuronen oder über mehrere Milliarden verfügt. Auch nicht, ob man einen Neocortex besitzt oder nicht. Sehr viele Arten, ob mit Beinen, Flügeln, Händen oder Flossen, mit oder ohne zentralem Nervensystem, geben sich dieser Sache hin. Demzufolge ist es höchst wahrscheinlich, dass das Werkzeug zu unterschiedlichen Zeiten der Evolution in sehr unterschiedlichen Tiergattungen aufgetaucht ist: bei Vögeln, Säugetieren, Fischen, Kopffüßern,

Insekten, Spinnentieren ... Es ist möglich, dass das Werkzeug bei den Säugetieren, insbesondere bei den Primaten, in unterschiedlichen Gruppen und zu unterschiedlichen Zeiten der Evolution aufgetaucht ist. Manche der heutigen Makaken (südöstliches Asien) und Kapuzineraffen (Brasilien) verwenden Werkzeuge in ihrem natürlichen Umfeld, und so ist auch durchaus vorstellbar, dass ihre 40 Millionen Jahre alten Vorfahren die Fähigkeit dazu hatten. Die in Haltung durchgeführten Studien belegen, dass zahlreiche Arten in der Lage sind, Werkzeug zu benutzen, und lassen vermuten, dass die ersten Werkzeuge von Primaten tatsächlich auf die Lemuren zurückzuführen sind. Was die Herstellung von Steinwerkzeug betrifft, die zumindest bei den Menschen, einem Bonobo und einem Kapuzineraffen beobachtet wurde, so wäre es nicht weiter verwunderlich, wenn eines Tages bei archäologischen Ausgrabungen Artefakte gefunden würden, die sich noch vor das Auftauchen der ersten Menschen zurückdatieren lassen. Es sei denn, auch das Auftauchen des Menschen müsste noch einmal überdacht und auf dem Zeitstrahl weiter zurückverlegt werden ... Was definitv feststeht, ist, dass nichts, rein gar nichts, schon gar nicht die Tatsache, dass Lucy in Teilen auf Bäumen lebte oder dass sich ihre Hand von der des heutigen Menschen unterscheidet, uns daran hindert zu glauben, dass sie vor über drei Millionen Jahren Werkzeuge herstellte und benutzte.

Dennoch muss man vorsichtig sein, denn das Werkzeug ist vielleicht nicht so entscheidend für die Evolution der Intelligenz. Tatsächlich ist es sehr wahrscheinlich, dass wir uns einerseits darauf konzentrieren, weil das Werkzeug aus Stein bei Ausgrabungen gefunden wurde, wohingegen andere intelligenten Verhaltensweisen nicht fossilisieren. Zum anderen scheint die Herstellung von Steinwerkzeug eindeutig ein Verhalten in den Vordergrund zu rücken, das sich in der Stammesgeschichte des Menschen *(Homo neanderthalensis, Homo ergaster, Homo erectus)* überaus stark entwickelt hat, insbesondere beim *Homo sapiens*, der unter anderem die Speerschleuder erfinden wird, die »Blattspitzen«, die Harpunen, so viele Werkzeuge, von denen manche regelrechte Kunstwerke darstellen. Es sieht ganz danach aus, als hätte es vor etwa 50.000 Jahren eine technologische Revolution gegeben. Hinsichtlich des Werkzeugs zeigt die menschliche Gattung eine überbordende kreative Intelligenz, und manche sehen darin eine Verbindung zur Entwicklung des Gehirns oder der Kultur.[26] Letztere wird als spezifisch für den Menschen erachtet, obwohl Studien zeigen, dass Tradition und Kultur auch bei anderen Tieren existieren.[27]

Darüber hinaus ist diese Fokussierung auf Werkzeug bei der Betrachtung der Intelligenzevolution vermutlich auch auf die Tatsache zurückzuführen, dass die Primaten anscheinend die Einzigen sind, die es in sehr unterschiedlichen Kontexten einsetzen. Das stimmt so aber nicht. Der Gebrauch von Werkzeug wurde hauptsächlich bei Wirbeltieren beobachtet. Dabei darf man aber nicht vergessen, dass die Wirbeltiere (Fische, Vögel, Säugetiere, Schuppenkriechtiere, Krokodile, Schildkröten und Amphibien) nur etwa 3,5 Prozent der Tierwelt darstellen.

Vielleicht wurden bestimmte Arten bei den Wirbeltieren nicht ausreichend beobachtet, weil es schwierig ist, sich ihnen zu nähern (manche Spezies leben in weiten Höhen, andere sind nachtaktiv etc.). Außerdem sind 85 Prozent der Gliederfüßer (Insekten, Krustentiere, Tausendfüßer, Spinnentiere) in Bezug auf den Werkzeuggebrauch zweifelsohne nicht ausreichend erforscht, und vermutlich aus denselben Gründen. Ganz zu schweigen von der viel zu wenig erforschten aquatischen Welt, was zum Großteil daran liegt, dass sie nur schwer zugänglich ist. Die Zukunft hält also noch Überraschungen für uns bereit. Konzentriert man sich nun aber auf den Werkzeuggebrauch in Sachen menschlicher Evolution, dann könnte das dazu führen, dass man meint, die intellektuellen Fähigkeiten von nicht menschlichen Werkzeugbenutzern würden überschätzt. Um mögliche Verzerrungen zu vermeiden, können wir Werkzeuge in einem weiter gefassten Kontext erforschen, wie zum Beispiel der Handhabung, den Strategien zur Gewinnung von Nahrung oder auch dem Bauverhalten, wie der Herstellung von Nestern oder Fallen. Auch wenn die Beziehung zwischen Werkzeuggebrauch und höherer Intelligenz noch zu erforschen ist, so kann man doch festhalten, dass die Herstellung und der Gebrauch von Werkzeug allein noch lange nicht ausreichen, um die tierische Intelligenz zusammenzufassen, die menschliche ist hier im Übrigen eingeschlossen. Jede Art bewegt sich in ihrer eigenen Welt, und die Intelligenz einer jeden muss im jeweiligen Umfeld stattfinden (Milieu, Anatomie, Sozialleben etc.).

Das Studium des Lebenden und seiner Vielfalt ist unmissverständlich: *Die* eine Morphologie impliziert nicht notwendigerweise *das* eine Verhalten, und ein Verhalten kann von unzähligen unterschiedlichen Formen der Morphologie hervorgerufen werden. Wir sollten aufhören zu versuchen, unsere Besonderheit zu beweisen oder unsere Vorherrschaft über die anderen Arten. Denn bei diesem kleinen Spielchen werden wir eindeutig die Verlierer sein. Sehr viele andere Verhaltensweisen, abgesehen vom Gebrauch von Werkzeug, sind mindestens genauso spannend und in manchen Punkten mitunter noch komplexer. Sie werden uns dazu bringen, die Evolution der Intelligenz abseits der ausgetretenen Pfade des Werkzeugs und der hierarchischen Pyramide zu hinterfragen, die der menschlichen intellektuellen Überlegenheit automatisch und völlig irrtümlich einen Ehrenplatz einräumt.

## Die Ingenieure unter den Tieren: Erbauer, Schneider, Vermesser … und das ganz ohne Werkzeug!

Um wirklich aufzuzeigen, dass die Verwendung eines Werkzeugs von großer Intelligenz zeugen kann, dass man aber auch ohne die Verwendung von Werkzeug durchaus intelligent sein kann, sehen wir uns ein paar tierische Bauten an, einer erstaunlicher als der andere. Und bei diesem kleinen Spielchen ist eine Art ganz besonders interessant: der Biber. Dieses Tier

## Objekte im Tierreich

ist ein wahrhafter Ingenieur bei der Erbauung seines Unterschlupfs mit Dämmen, die dazu dienen, das Flusswasser aufzustauen und tiefe Wasserreservoirs zu schaffen, in die er sich vor Fressfeinden flüchten kann und wo er seine Nahrung und die Baumaterialien, die er benutzt, hineintreiben lassen kann. Stellen Sie sich vor, wie der Biber am Ufer Stangen und Bögen in einer bestimmten Länge abnagt; die Stangen bringt er dann horizontal auf seinem Damm an und schirmt sie mit den Bögen gegen die Strömung ab. Derselbe Biber kann auch einen Stein am Fuß eines solchen Bogens anbringen, um seinem Bau besseren Halt zu verleihen. Bei den Kanadischen Bibern *(Castor canadensis)* kann der Damm, der sich übrigens jederzeit reparieren lässt, über hundert Meter lang werden. 2010 wurde auf Satellitenbildern und der Internetseite von Google Earth ein Biberdamm entdeckt. Er befindet sich in Kanada, im Wood-Buffalo-Nationalpark in einem sumpfigen Gebiet, und ist der größte Damm weltweit. Wie lang? 850 Meter lang. Der Bau dieses Meisterwerks hat wohl spätestens in den Neunzigerjahren begonnen und erstreckte sich über mehrere Bibergenerationen, die an seiner Erbauung gearbeitet haben!

In der Reihe von tierischen Bauwerker steht die Biene ihm in nichts nach. Letztere fertigt Waben, aber auch überaus regelmäßige Wachszellen. Dabei bildet die prismaartige Form mit den gleichseitigen Sechsecken, aus denen ihre Waben bestehen, eine optimale Konfiguration, betrachtet man das Verhältnis Effizienz und Wirtschaftlichkeit. Mit unterschiedlichen

Materialien passen die Bienen so die Größen der Zellen perfekt an, zum Beispiel für die Aufzucht ihrer Larven.

Abgesehen von den Bienen sind auch die Termiten für ihre Fähigkeiten bekannt, Termitenhügel mit einem riesigen Netzwerk unterirdischer Gänge zu konstruieren. Die Gestaltung dieser Bauwerke, regelrechte Gebäude, ist erstaunlich, genau wie die Beständigkeit des Materials, das reich an mineralischen und organischen Stoffen ist. Die Ausrichtung dieser Termitenhügel zur Sonne hin ist entlang einer Nord-Süd-Achse optimiert, und mit einem ausgeklügelten System zur Belüftung der Gänge hält sich im Inneren des Termitenhügels eine konstante Temperatur. Architekten haben sich von der Struktur dieser beeindruckenden Termitenkathedralen inspirieren lassen, um ein Klimatisierungssystem zu entwickeln, und dieses natürlich funktionierende Ökosystem dahingehend genutzt, Gebäude zu errichten, die zwischen 50 und 90 Prozent weniger Energie verbrauchen.

Bleiben wir in der Welt der Insekten und kommen wir auf die Herstellung von Blätternestern bei den Weberameisen *(Oecophylla longinoda)* zu sprechen. Hier ist alles gut organisiert. Einige Ameisen, die Arbeiterinnen, führen die Ränder von Blättern zusammen. Dann berührt eine Spinnerin, die eine Larve in ihrem Mundwerkzeug festhält, rasch den Rand des Blattes und klebt dort einen Seidenfaden fest, der von der Larve stammt. Jede Beschädigung des Nests, die durch Angriffe auf dasselbe entstehen, kann repariert werden. Außerdem sind die Techniken, um das Nest zu erbauen, sehr vielseitig,

## Objekte im Tierreich

und die Ameisen agieren mit außergewöhnlicher Präzision und Schnelligkeit.

Abgesehen von den Bibern, den Bienen und den Ameisen sind auch Vögel ausgezeichnete Erbauer. Sehen wir uns ein paar Beispiele an. Der Rotstirn-Schneidervogel *(Orthotomus sutorius)* baut sein Nest aus zusammengenähten Blättern. Anders ausgedrückt, er perforiert den Rand von zwei Blättern mit seinem Schnabel, bringt sie zusammen und fädelt eine Pflanzenfaser oder den Seidenfaden einer Spinne, den er zuvor durch Eindrehen von Spinnenfäden erhalten hat, durch die Löcher ... Andere Vögel wie der Seidenlaubenvogel *(Ptilonorhynchus violaceus)* stellen ihr Nest aus verknoteten Gräsern her, wobei die Knoten dazu dienen, die Teile des Nests untereinander und das Nest selbst fest mit dem Ast zu verbinden. Das Weben erreicht seine optimale Qualität mit dem Kugelnest des Rotkehlwebers *(Malimbus nitens)*, der eine lange Röhre aus überaus regelmäßiger Flechtarbeit herstellt. Und dann die Siedelweber *(Philetairus socius)*, eine afrikanische Vogelart, die eine riesige Struktur als Nest erbauen, die bis zu einer Tonne wiegen kann und sehr viele individuelle Nester beherbergt. Eine derartige Konstruktion erlaubt es den Vögeln, sich vor Fressfeinden und den klimatischen Schwankungen der Kalahari-Wüste zu schützen.

Das waren nur ein paar Beispiele unter Hunderten für das Verhalten beim Bauen, das zahlreiche Punkte von Intelligenz aufweist, unter anderem die Fähigkeit, Nester zu reparieren, unterschiedliche Lösungen zu finden oder aber den richtigen

Standort zu wählen.[28] Bevor ich mit diesem Kapitel über den Gebrauch von Werkzeug abschließen kann, muss ich nun allerdings noch von diesem Orang-Utan-Weibchen aus dem Zoo von Beauval erzählen. Es ist mein erster Tag, an dem ich die Fähigkeiten der Manipulation bei Orang-Utans studiere. Ich verbringe schon sieben Stunden mit der Beobachtung diese Gruppe. Und regelmäßig kitzelt mich etwas am linken Ohr. Egal wie oft ich mich umdrehe, nirgendwo entdecke ich ein Insekt. Beim fünften Mal erlaube ich mir eine kleine Unterbrechung meiner Beobachtung, und ein leises Geräusch liefert mir einen Hinweis: Ein Orang-Utan-Weibchen hat sich hinter einem Jutesack im Gang versteckt, der über dem Gehege entlangführt. Sie hat sich einen langen harten Strohhalm geschnappt, mit dem sie mich von Zeit zu Zeit kitzelt! Dieses Verhalten wird während der Monate, die ich sie beobachte, zu einem kleinen Spiel zwischen uns. Sich ein Werkzeug ausdenken, um zu spielen? Wäre das nicht die schönste Hypothese, die wir als Erklärung für die Herkunft des Werkzeugs vorschlagen könnten?

**KAPITEL 5**

# Wie schafft man es, zum richtigen Zeitpunkt am richtigen Ort zu sein?

## Das Navigieren und das Gedächtnis

1998. Da bin ich also, vierzehn Jahre nach meiner Lektüre von Yves Coppens' Buch »Die Wurzeln des Menschen«.[1] Ein Jahr, das man nicht vergisst. Zum ersten Mal werde ich Schimpansen im Wald der Elfenbeinküste sehen. Nach einer fast ganz durchwachten Nacht in dem heißen, feuchten Wald an der westlichen Elfenbeinküste breche ich mit meinem Führer Willy auf, um freilebende Schimpansen zu finden. Sie sind es nicht gewohnt, und ich bin schrecklich ungeduldig. Das Warten zieht sich endlos, das Marschieren ist genauso ermüdend, wie ich aufgeregt bin. Vielleicht werde ich bald meinen ersten freilebenden Schimpansen sehen! Je weiter ich in diesen feindlichen Wald vordringe, umso verlorener fühle ich mich, und mir wird klar, wie wenig ich diesem Ort hier angepasst bin. Die Geräusche, die Gerüche, das Licht, die Farben ... alles ist anders. Nichts in mir hilft, sie zu verstehen, sie aufzunehmen. Meine

Sinne sprudeln geradezu über, und ich reagiere auf alles viel zu stark. Außerdem tut mir alles weh. Es ist heiß und feucht. Obwohl ich zum damaligen Zeitpunkt relativ sportlich war, fällt mir das Atmen schwer. Und mein Gehirn ist völlig überfordert. Ich vertraue Willy und folge ihm mit grenzenloser Hoffnung. Dann kommt der große Moment. Willy bleibt stehen, bedeutet mir »Stopp« und »still«. Er ist da. Ein großes Männchen. Meine Kindheitsträume kommen zu ihrer vollen Geltung. Ohne diese Erfahrung im natürlichen Umfeld wäre es unmöglich, Lucy, ihre Familie, unsere Familie und deren Entwicklung oder gar das Verhalten von Tieren zu verstehen. Ich beobachte, wie dieser Schimpanse im Wald voranschreitet. Ich verstehe, inwiefern dieser Wald ein völlig anderer Planet mit ganz eigenen Beschränkungen ist. Ich kann mich nicht mit diesem Schimpansen vergleichen, so stark unterscheiden sich unsere jeweiligen Lebensformen.

Wir folgen ihm im Laufschritt, häufig rennen wir sogar, damit wir ihn nicht verlieren. Aus reiner Neugier und während der winzigen Bruchteile einer Atempause, die wir hin und wieder bekommen, sehe ich auf meinen Kompass. Er lässt keinen Zweifel zu. Lucien bewegt sich grundsätzlich Richtung Norden, umgeht die vielen Hindernisse, die ihm der dichte Wald stellt, dabei im Zickzack. Woran orientiert er sich? An den Bäumen? Dem Boden? Den Geräuschen? Hat er eine Art Kartografie seines Lebensraums[2] im Kopf, deren Bezugspunkte er kennt und an die er sich erinnert? Wusste er von Anfang an, wohin er wollte? Und falls ja, wie stellt er es an, sich das alles

## Navigieren und Gedächtnis

zu merken, trotz der regelmäßigen und saisonalen Veränderungen seiner Umgebung? Bevor er uns endgültig abschüttelt, bekomme ich eine Vorstellung davon, von welch grundlegender Bedeutung das Lebensumfeld und seine Beschränkungen sind, damit wir sowohl Gegenwart als auch Vergangenheit verstehen können. Die Fähigkeiten, die dieser Schimpanse unter Beweis gestellt hat, um sich in seinem Gebiet zu bewegen und zum Beispiel Nahrung zu finden, sind unleugbar eine überaus große Anpassung für sein Überleben.

Dieser Schimpanse sitzt zusammen mit sehr vielen anderen Tieren, Wirbellosen wie Wirbeltieren, in einem Boot: Jeden Tag muss er losziehen, um sich zu ernähren, Orte finden, um sich auszuruhen, zu schlafen, Sexualpartner zu treffen, Fressfeinden zu entkommen, sein Gebiet zu verteidigen etc. So viele Schritte, für manche Arten nur wenige Zentimeter, für andere sehr große Distanzen, die die Ausarbeitung der Strecke voraussetzen und direkt von den Fähigkeiten des Tieres abhängig sind, eine Beziehung zwischen seinem aktuellen Standort und den Orten, zu denen es unterwegs ist, zu unterhalten. Diese Fähigkeit, sich im Raum vorzustellen, Strecken zu planen und sich an sie zu erinnern, sind ganz grundlegend für das Überleben von sehr vielen Arten. Ob es sich dabei nun um eine Biene, einen Vogel, einen Wal oder einen Elefanten handelt: Das Problem bleibt dasselbe. Jeder muss den richtigen Ort zum richtigen Zeitpunkt finden und wissen, wie er dorthin zurückkehren kann. In anderen Worten, sie müssen einen entscheidenden Prozess des täglichen Lebens beherrschen: die räumliche

Orientierung. Die Wegstrecke von einem Punkt A zu einem Punkt B muss geplant und eingeordnet werden, damit man sich ganz zielgerichtet auf diesen Punkt zubewegen kann. Das ist eine der faszinierendsten Thematiken bei den Verhaltensmechanismen. Hier einige Beispiele dafür, die natürlich wieder einmal nicht vollständig sind, wie sich Tiere im Raum orientieren und für ihr Überleben zurechtfinden.

## Haben Sie sich im Wald verirrt, dann folgen Sie einem Schimpansen!

Um eins gleich klarzustellen: Ein Schimpanse bringt Sie nicht zwangsweise dahin, wo Sie hinwollen. Im Gegenzug ist aber ganz klar, dass er sich nicht verirrt. Wie stellt er das an, trotz dieser pflanzlichen Dichte und der räumlichen Komplexität des Waldes, sowohl in horizontaler wie auch vertikaler Hinsicht? Seit einigen Jahren wurden mit dem Aufkommen von Spitzentechnologien wie dem GPS, das übrigens auch im dichten Tropenwald funktioniert, Antworten auf diese Fragen gefunden, und sie sind überaus erstaunlich. Die männlichen Orang-Utans planen ihre Strecken zum Beispiel schon am Vortag und teilen anderen Individuen den Weg mit, insbesondere den Weibchen.[3] Es sieht auch ganz danach aus, als würden die Schimpansen eine geometrische Karte ihres Gebietes mental abspeichern und sich so fast auf gerader Linie von einer Nahrungsquelle zur nächsten bewegen. Das gilt zumindest für die

## Navigieren und Gedächtnis

Schimpansen im Taï-Nationalpark in der Elfenbeinküste. In diesem dichten tropischen Wald gibt es reichhaltige Nahrungsquellen für die Schimpansen, und sie verteilen sich über ein 25 Quadratkilometer großes Gebiet. Die Sicht beträgt dort etwa 30 Meter. Ein einzelner Schimpanse kann an einem Tag genau 15 der 12.000 in seinem Gebiet befindlichen Bäume aufsuchen, bevor er sich in einem Nest schlafen legt, das übrigens häufig wechselt." Wie Christophe Boesch, der Co-Autor der Studie, erwähnt, sind die Schimpansen eine Art Nomadenvolk, das sehr genau weiß, wohin es gehen und welche Entfernung es zurücklegen muss. Außerdem ziehen die Tiere es vor, zu einer begehrten Nahrungsquelle zurückzukehren, indem sie unterschiedliche Richtungen einschlagen und nicht mehrfach denselben Weg wählen. Dabei entspricht die anfänglich gewählte Richtung genau der Richtung, die grundsätzlich notwendig ist, um zu dieser Quelle zu gelangen.

Dieser Punkt lässt vermuten, dass sich die Schimpansen nicht mithilfe von topologischen Orientierungspunkten, die sich auf ihrer Strecke befinden, auf ihr Ziel zubewegen. Sie wissen im Gegenteil von Anfang an, wohin sie wollen, und haben einen genauen Navigationsmechanismus entwickelt, der als der effizienteste gilt: eine Vorstellung vom Raum, die dem Individuum erlaubt, die zurückzulegende Entfernung zu berechnen und so von egal welchem Ort aus zu egal welchem Zielpunkt zu gelangen. Dieser Mechanismus, bekannt unter dem Namen kognitive Karte, oder auch *mental map*, die zum ersten Mal bei Ratten und Menschen beschrieben wurde, basiert auf einer euklidischen Darstellung des Raums – vereinfacht auf einer geometrischen Darstellung.[5] Sie unterscheidet sich deutlich von einer topologischen Karte, die die Verwendung von Bezugspunkten auf der Strecke benötigt, mit der man allerdings keine Entfernungen oder Richtungen kalkulieren kann, und ist viel komplexer als diese. Die euklidische Karte erlaubt es, komplexe Routen zu kalkulieren und insbesondere Abkürzungen zu nehmen. Dieser Mechanismus ist überaus angepasst und effizient, um die unzähligen Nahrungsquellen in der Umgebung zu kennen und zu lokalisieren. Wenn sie sich von einem Obstbaum zum nächsten weiterhangeln, tendieren die Schimpansen dazu, sich auf einer geraden Linie fortzubewegen, und sie werden erst dann langsamer, wenn sie ihrem Ziel näherkommen. Darüber hinaus ist erstaunlich, dass sie den Baum aufsuchen, der sich in einem bestimmten Winkel zu ihnen befindet. Für ihre Fortbewegung erwägen die Schimpansen nicht nur die Bezugspunkte, wie besondere Bäume oder Wasserläufe, sondern auch ihren eigenen Standort. Diese Fähigkeiten erlauben es ihnen folglich, effizienter zu sein und die einträglichsten Quellen aufzusuchen, indem sie im Vorfeld die kürzeste und sicherste Strecke auswählen (wobei sie Artgenossen, mit denen sie sich nicht verstehen, aus dem Weg gehen).

Schimpansen sind also exzellente Orientierungskünstler. Sie haben ihre räumliche Strategie, die direkt von ihrer Umgebung abhängig ist, perfekt adaptiert. Sie sind brillante Planer ihrer Wegstrecken, können sogar auf ein Langzeitgedächtnis zurückgreifen, zu dem unter anderem das Speichern von

Orten für die interessantesten Nahrungsquellen je nach Saison gehört. Die Schimpansen der Elfenbeinküste können sich über Monate, um nicht zu sagen über Jahre hinweg die Standorte merken, an denen die besten Früchte in ihrem Lebensraum wachsen. So optimieren sie ihre Ernte je nach Standort, Größe und Fruchtperiode der Bäume.[6]

## Schimpansengedächtnis versus Studentengedächtnis

Die Arbeiten im natürlichen Umfeld sind unerlässlich, um die außergewöhnlichen Fähigkeiten der Schimpansen aufzuzeigen, die sich trotz der Schwierigkeiten ihres undurchdringlichen Lebensraums merken können, wo die interessantesten Standorte sind, wann welche Nahrungsquelle Saison hat oder bis wohin ihr Revier reicht. Ein Experiment, durchgeführt in einem experimentellen Kontext, ist hier ebenso erhellend und ergänzend. Das Experiment findet in Japan statt, im Labor der Wissenschaftler Inoue und Matsuzawa.[7] Ihre Fragestellung? Können junge Schimpansen (etwa fünf Jahre alt) Studenten bei einem Test über räumliche Erinnerung schlagen? Der Test läuft wie folgt ab. Zunächst bringen die Wissenschaftler den Schimpansen das Zählen bei. Dann wird jeder Schimpanse und jeder Student getrennt von den anderen vor einen Bildschirm gesetzt, auf dem die Zahlen eins bis neun in willkürlicher Reihenfolge und in verschiedenen Ecken auftauchen.

Zum richtigen Zeitpunkt am richtigen Ort

**Abbildung 10.** Links: Abbildung der Zahlen. Rechts: Sobald der Schimpanse auf die Ziffer Eins drückt, werden die restlichen Zahlen von weißen Kästchen verdeckt. Das Versuchsobjekt muss danach in der richtigen Reihenfolge auf die Zahlen tippen, um eine Belohnung zu erhalten (https://www.youtube.com).

Jeder Spieler klickt nacheinander in möglichst richtiger Reihenfolge auf die verschiedenen Zahlen.

Dann wird das Experiment schwieriger. Die Zahlen werden nach wie vor in willkürlicher Reihenfolge und Platzierung auf dem Bildschirm angezeigt, aber dieses Mal sind die Zahlen nur ganz kurz auf dem Bildschirm zu sehen. Sobald der Schimpanse auf die Zahl eins auf dem Bildschirm drückt, werden die anderen Zahlen durch weiße Vierecke verdeckt (Abbildung 10). Die Spieler haben nur einen kurzen Moment, um sich die Zahlen, ihre Reihenfolge und Positionen zu merken, dann müssen sie – selbstverständlich in der richtigen Reihenfolge – auf die weißen Vierecke drücken, wenn sie den Test schaffen wollen. Das Resultat lässt keinen Zweifel zu.

Was das Einprägen der Reihenfolge und die Platzierung der Zahlen auf dem Bildschirm betrifft, so sind die Schimpansen

## Navigieren und Gedächtnis

deutlich genauer und leistungsfähiger als die Studenten. Wenn Sie sich ein paar der Videosequenzen im Internet ansehen, dann werden Sie feststellen, dass Sie kaum die Zeit haben, alle Zahlen zu sehen, bevor sie von weißen Kästchen verdeckt werden. In anderen Worten, die Fähigkeiten der Schimpansen bleiben intakt, wenn der Stimulus (die Zahlen) nur einen so kurzen Zeitraum angezeigt wird, dass die Augen nicht den gesamten Bildschirm auf einmal erfassen können. Wie machen sie das? Es sieht ganz so aus, als hätten die Schimpansen von klein auf (wir dürfen nicht vergessen, dass die Schimpansen bei diesem Experiment gerade mal fünf Jahre alt sind) eine hochentwickelte und spezifische Fähigkeit zur visuellen Erinnerung, die wie eine Art fotografisches Gedächtnis funktioniert. Diese Fähigkeit erlaubt es ihnen zweifelsohne, sich in der Natur an Orte zu erinnern oder Orte zu finden, an denen die besten Früchte wachsen, oder die besten Wege zu erkennen, um dorthin zu gelangen. Das bedeutet natürlich nicht, dass japanische Studenten kein gutes räumliches Erinnerungsvermögen haben oder dass sie gar weniger intelligent sind; nein, das bedeutet nur, dass sie eine andere Strategie anwenden, die an die Erinnerung angepasst ist, die sie im täglichen Gebrauch nutzen und die sich leicht von der von den Schimpansen benötigten unterscheidet. Außerdem sind die japanischen Studenten, die sich an diesem Test versucht haben, von der Entwicklung des menschlichen Gehirns durchdrungen, das gewisse Strukturen (wie zum Beispiel die für die Sprache) entwickelt und andere dabei vernachlässigt hat (offensichtlich die für das räumliche Erinnerungsvermögen).[8]

Wieder einmal sehen wir uns mit der Verbindung zwischen Intelligenz (hier räumliches Erinnerungsvermögen), Umgebung (die verteilten Nahrungsquellen) und der Anpassung (das Gehirn, das sich in Verbindung mit der Umgebung entwickelt) konfrontiert. Und wieder einmal könnten wir in Versuchung geraten zu sagen, dass ein Menschenaffe, eng mit dem Menschen verwandt, in diesem Falle der Schimpanse, über einzigartige Fähigkeiten verfügt. Dem ist aber nicht so. Zunächst einmal, weil auch andere Primaten (wie Orang-Utans, Paviane, Kapuzineraffen …) Fähigkeiten zur räumlichen Orientierung besitzen und ein sehr ausgeprägtes Gedächtnis haben, und dann, weil die Gesamtheit der Tierwelt samt ihrer Anpassungsfähigkeiten erstaunliche Überraschungen bereithält. Die nachfolgende Aufzählung ist nicht vollständig, aber halten wir uns dennoch ein paar Beispiele vor Augen.

## Vögel und ihre unzähligen Verstecke

Fangen wir bei den kleinen Meisen *(Paridae)*, Rabenvögeln (Häher, Krähen, Nussknacker) und anderen Sperlingsvögeln (Kleiber) an, die dazu fähig sind, ihre Nahrung in Hunderten, um nicht zu sagen Tausenden von zum Teil weit voneinander entfernten Verstecken in ihrem Revier zu bunkern. Damit vollbringen sie herausragende Leistungen, wenn es darum geht, sich Dinge einzuprägen oder vorauszuplanen.[9] Umso mehr, als sie in der Lage sind, diese Verstecke mehrere Stunden, Tage

## Navigieren und Gedächtnis

oder gar Monate später wiederzufinden.[10] Diese Art der Nahrungsaufbewahrung ist besonders interessant, weil sich hier ganz eindeutig Vorstellungen von Zeit, Raum und Erinnerung zeigen. In Amerika versteckt der Kiefernhäher *(Nucifraga columbiana)* so vier bis fünf Körner in ungefähr 10.000 Verstecken (Boden, Löcher, Felsen, Baumrinde, Baumstümpfe ...), um so seine Vorräte für den Herbst in über 2.000 Höhenmetern anzulegen. Danach zieht er sich für den Winter in tiefere Höhenlagen zurück, wo er sich mit verfügbarer Nahrung versorgt. Seine angelegten Vorräte findet er über sechs Monate später im Frühjahr wieder, manchmal noch unter einer Schneedecke.[11] Dieses Verteilen und Auffinden von gelagerten Vorräten in den Verstecken beinhaltet sowohl eine zeitliche wie auch eine räumliche Komponente: Diese Vögel müssen zum richtigen Zeitpunkt am richtigen Ort sein. Um ihre unglaubliche Fähigkeit noch besser zu begreifen, kann man sich einfach vorstellen, ein Individuum müsste etwa 40.000 Körner pro Jahr in etwa 10.000 Verstecke bringen, und um zu überleben, muss es davon etwa 3.000 wiederfinden ... Diese Vögel müssen sich also den genauen Ort merken, an dem die Körner sind, obwohl es so viele, sie überall verteilt und einige verschwunden sind (Nagetiere finden sie manchmal vor ihnen), und das Ganze, nachdem etwa sechs Monate seit dem Verstecken vergangen sind.[12] Wie machen sie das?

Anscheinend spielt der Hippocampus, dieser Bereich des Gehirns, der für das Gedächtnis und die räumliche Orientierung zuständig ist, eine wichtige Rolle im Auffinden, dem räumlichen Codieren der Verstecke und dem Verorten der Erinnerung für diese Verstecke. Tatsächlich haben Vögel, die ihre Nahrung lagern, größere Hippocampi als solche, die das nicht tun.[13] Es ist im Übrigen faszinierend festzustellen, dass in der Zeit zwischen dem Einlagern und dem Wiederbeschaffen des Futters die Ansammlung neuer Neuronen im Hippocampus einen Höhepunkt erreicht.[14] Hierbei muss man an die Londoner Taxifahrer denken, die von einer Erweiterung des Hippocampus profitieren, je länger sie ihrer Tätigkeit nachgehen.[15] Aber Vorsicht, nicht alles ist so einfach, denn der Hippocampus bei den Vögeln, die für gewöhnlich keine Nahrung einlagern, kann sich ebenfalls vergrößern, wenn sie damit anfangen oder wenn sie Tätigkeiten nachgehen, für die ein zeitliches Gedächtnis notwendig ist. Die mögliche Vergrößerung des Hippocampus ist kein Privileg von Vögeln, die Vorräte anlegen, gegenüber denen, die das nicht tun. Darüber hinaus bedeutet das Einlagern von Vorräten auch nicht automatisch, dass die Vögel über ein überragendes räumliches Erinnerungsvermögen verfügen. Dennoch spielt der Hippocampus eine wichtige Rolle bei den Vögeln, die ihre Nahrung einlagern, auch wenn es natürlich, wie immer in der Wissenschaft, die eine oder andere Ausnahme gibt (manche Vögel, die einen Futtervorrat anlegen, haben keinen großen Hippocampus und verwenden vermutlich andere neuronale Substrate).

Alle Vögel, die Nahrung einlagern, müssen sich die Orte merken, aber nicht nur das. Sie müssen sie auch wiederfinden. Um das zu tun, stützen sie sich auf visuelle Merkmale, die sich in der Nähe des Verstecks befinden, und nicht auf die Eigenschaften des Verstecks als solches, die sich im Lauf der Zeit verändern können (durch Unwetter, andere Tiere etc.). Manchmal finden sich diese Vögel bei ihrer Suche anhand von Orientierungspunkten und der Sonne zurecht, die sie als Kompass nutzen.[15] Einfacher ausgedrückt bedeutet das, diese Vögel bilden aus den Orientierungspunkten eine Karte, die zwei Koordinaten aufweist, um sich im Raum zu orientieren, und ziehen einen Sonnenkompass hinzu, um sich in einem nicht vertrauten Gebiet fortzubewegen und dem Kurs zu ihrem Ziel hin zu folgen. Natürlich gibt es auch viele andere Orientierungsmöglichkeiten und Navigationsverfahren bei den Vögeln (Geruchssinn, Magnetismus ...), wie sonst könnten sie sich nachts oder bei wolkenverhangenem Himmel vorwärtsbewegen? Unbestreitbar ist jedoch, dass Vögel, die Nahrung lagern, das nötige Gedächtnis dazu mitbringen.

## Elefanten vergessen nie etwas, Goldfische hingegen immer alles?

Das Gedächtnis von Elefanten ist legendär – genau wie das von Goldfischen! Bei Elefanten geht man davon aus, dass ihr Gedächtnis ganz außergewöhnlich ist, wohingegen Goldfische häufig so dargestellt werden, als würde ihr Erinnerungsvermögen keine fünf Sekunden übersteigen. Wer hat recht, wer liegt falsch?

Fangen wir bei den Afrikanischen Steppenelefanten *(Loxodonta africana)* an. Diese großen Säugetiere fressen sehr viel und sind aus diesem Grund ständig in Bewegung. Sie folgen Strecken, die von Regen und geografischen Hindernissen geprägt sind. In fünf Monaten können die Elefanten in der Namib-Wüste so über 600 lange Kilometer zurücklegen. Während der Trockenzeit suchen sie etwa alle vier Tage Wasserquellen auf, die bis zu 60 Kilometer voneinander entfernt liegen.[17] Der Lebensraum der Elefanten ist riesig, und um die Quellen zu finden, die sie für ihr Überleben benötigen, gebrauchen sie nicht allein ihren außergewöhnlichen Geruchssinn, sondern machen strategische Orte ausfindig und prägen sie sich dank ihres räumlich-zeitlichen Gedächtnisses ein.[18] Eine spannende Beobachtung wurde während einer schweren Dürre gemacht. Solche Umstände können sich als äußerst dramatisch für das Überleben von Elefantenbabys, aber auch für erwachsene Tiere der Gruppe herausstellen. Eine Lösung besteht darin, den Teil des Geländes zu verlassen, der von der Dürre betroffen ist, um außerhalb desselben die notwendigen Quellen für das Überleben der Kleinen und der Gesamtheit der Gruppe zu suchen. Allerdings werden dafür ausgezeichnete Fähigkeiten der räumlichen Orientierung und der Speicherung im Gedächtnis dieser in der Vergangenheit aufgesuchten Orte benötigt, um sie rechtzeitig erneut zu finden. Wer nimmt dafür innerhalb der Gruppe die Zügel in die Hand? Die Matriarchinnen! Anders ausgedrückt, nur die Gruppen, die von älteren Elefantenkühen (35 Jahre) mit der nötigen Erfahrung angeführt werden, können im Fall einer Dürre von ihr von dem Gelände geführt werden, um neue Nahrungsquellen zu finden.[19] Sich an den Ort zu erinnern, an den man gehen muss, noch dazu zum richtigen Moment, ist tatsächlich nicht allen Elefanten gegeben, sondern nur den erfahrenen Kühen.

Wie auch immer, dieses »Elefantengedächtnis«, und insbesondere dieses topografische Gedächtnis, ist ebenso beeindruckend bei den Asiatischen Elefanten *(Elephas maximus)* und erlaubt es ihnen, den unzähligen Verfolgungen zu entkommen, denen sie ausgesetzt sind. Ganesha, der Elefantengott des Hinduismus, ist nicht rein zufällig der Gott der Weisheit und der Intelligenz. Abgesehen von ihrer räumlichen Erinnerung prägen sich Elefanten auch Gerüche, Bilder und Stimmen ein, was es ihnen erlaubt, mögliche Feinde (Menschen, Tiger, Löwen) einzuordnen und aufzuspüren. Sie können sogar einen potenziellen Feind erkennen oder aber das Geschlecht, Alter oder die ethnische Herkunft einer Person anhand ihrer Stimme feststellen – und etwa hundert Stimmen auseinanderhalten.[20]

Angesichts des riesigen Gebiets von Elefanten und ihrer langen Wege sieht ein Goldfischglas nicht gerade berauschend aus. Obwohl Fische die Tiere sind, die hinsichtlich der Zahl am häufigsten konsumiert werden (Fischfang, intensive Aquakultur), sind sie laut einer wissenschaftlichen Studie auch das gängigste Haustier, gleich nach den Mäusen. Zwischen der Wahrnehmung, die Menschen von der Intelligenz bei Fischen haben, und der wissenschaftlichen Realität existiert ein riesiger Graben.[21] Denn: Fische sind tatsächlich intelligenter, als man gemeinhin annimmt. Abgesehen von zahlreichen ausgeklügelten Verhaltensweisen, die sie bisweilen an den Tag legen (Traditionen, Kooperation, Verwendung von Werkzeug etc.), gibt es ein Beispiel, das völlig im Gegensatz zu der verbreiteten Annahme steht, Fische hätten ein schlechtes Gedächtnis. Was die Erinnerung für die räumliche Orientierung betrifft, stehen die Fische anderen in nichts nach, und die Verwendung geometrischer Systeme ist bei ihnen sehr ähnlich wie bei Vögeln oder Ratten.

Ein klassisches Beispiel betrifft Grundeln (von der Familie der *Gobiidae*), die man in Tümpeln in der Nähe von Felsen antrifft. Diese kleinen Fische, die übrigens auch häufig in Aquarien von Kindern herumschwimmen, finden ihr Nest immer wieder, auch dann, wenn sie über 30 Meter davon entfernt wurden.[22] Dabei entsprechen 30 Meter für eine Grundel einer Entfernung von etwa 500 Metern bis hin zu eineinhalb Kilometern für einen Menschen. Werden die Grundeln in ihrem Weg behindert, dann können sie über benachbarte Felsen von einem Tümpel zum nächsten springen. Und sie erinnern sich auch vierzig Tage später noch an den genauen Standort der anderen Tümpel und können so wieder zu ihrem Nest zurückkehren. Und das, obwohl 40 Tage für eine Grundel zwischen einem und zehn Jahren für einen Menschen entsprechen ...[23] Grundeln verwenden vermutlich kognitive Karten, die sie während der Flut ausarbeiten, wenn sie frei um die Felsen herumschwimmen können. Wie Schimpansen und viele andere Arten, die über ausgefeilte mentale Darstellungen des Raums

## Navigieren und Gedächtnis

verfügen und sich hervorragend orientieren können, sind Fische, darunter auch die Grundeln, mit einem erstaunlichen Langzeitgedächtnis ausgestattet.[24]

Ein weiteres Beispiel betrifft Regenbogenfische *(Melanotaenia duboulayi)*, die, wenn sie gefangen wurden, nur fünfmal hin- und herschwimmen müssen, um herauszufinden, wie sie aus ihrem Netz entkommen können. Wird ein Regenbogenfisch ein Jahr später erneut getestet, dann erinnert er sich noch perfekt an seine Fluchtstrategie.[25] Dieses Gedächtnis ist umso erstaunlicher, als der Fisch in seiner natürlichen Umgebung nur etwa zwei Jahre alt wird. Und lassen Sie uns zum Schluss diesen Mythos über das Drei-Sekunden-Gedächtnis des Goldfischs *(Carassius auratus)* ein für alle Mal aus der Welt schaffen. Tatsächlich hält seine Erinnerung vielmehr drei Monate an, außerdem sind diese Fische anscheinend durchaus in der Lage, andere Fische zu erkennen und sich ihre stärksten Konkurrenten einzuprägen.[26] In gewisser Weise können sie angeblich sogar die Uhrzeit bestimmen! Stellen Sie sich mal vor, wie dieser kleine Goldfisch gelernt hat, einen Hebel zu betätigen, um Nahrung zu bekommen. Dabei ist dieser so präpariert, dass er nur an einer Stunde pro Tag funktioniert. Tja, diese kleinen Goldfische lernen, den Hebel nur zum richtigen Zeitpunkt zu betätigen, und versammeln sich bereits um den Hebel, kurz bevor es so weit ist, als würden sie spüren, dass es gleich zwölf Uhr schlägt.

## Heimkehren: Das ist manchmal ganz schön kompliziert!

Nach Hause gehen – gibt es etwas Normaleres? Dabei ist das nicht immer so einfach. Nehmen wir das Beispiel eines kleinen Nagers, der seine Nahrung inmitten von Fressfeinden suchen muss, bevor er wieder in seinen Bau zurückkehren kann. Ganz unabhängig von den Fressfeinden muss man in der Lage sein, sein Zuhause, sein Nest, seinen Bau auffinden zu können, egal, was für eine Strecke man tagsüber, häufig durch wenig bekanntes oder gänzlich unbekanntes Gebiet, zurückgelegt hat. Typische und beeindruckende Beispiele für dieses »Heimfindeverfahren« *(homing)* betreffen die Arten, die ihre Vorräte zentralisiert lagern *(central place foragers)*. Diese Tiere ziehen los, um Nahrung zu suchen, entfernen sich dafür von ihrem hauptsächlichen Lebensraum (Ruheplätzen, Nest ...), und danach gehen sie nach Hause. Das ist an sich nichts Außergewöhnliches, denken Sie vielleicht, doch die Nahrungssuche erstreckt sich manchmal über Hunderte von Kilometern ...

Nehmen Sie zum Beispiel einen Wanderalbatros *(Diomedea exulans)*, den größten und schwersten Albatros. Er lebt in den Französischen Süd- und Antarktisgebieten, verlässt sein Nest, um auf Nahrungssuche zu gehen, und fliegt dabei Hunderte, manchmal Tausende von Kilometern. Nachdem er sich von Kalmaren, Fischen, Krustentieren, Weichtieren, Aas oder Abfällen ernährt hat, kehrt er auf seine kleine Insel mitten im

Indischen Ozean zurück, und das mit unfehlbarer und erstaunlicher Präzision.[27]

Abgesehen vom Meer sind auch Wüsten Orte, an denen die Arten unglaubliche Strecken zurücklegen. Feuerameisen etwa wandern manchmal in 600 Metern Entfernung von ihrem Nest herum und benutzen dabei vermutlich ein sehr zuverlässiges Navigationssystem. Eine fast unglaubliche Tatsache, weiß man, wie komplex allein schon die Aufgabe ist, die eine Ameise stemmt, wenn sie etwas Essbares findet. Das tote Insekt wird dann nämlich geradewegs zum Nest transportiert, um dort die Larven zu ernähren.

Bienen wiederum können sich in einem Umkreis von zehn Kilometern zurechtfinden und entfernen sich somit sehr weit von ihrem Stock, bevor sie dahin zurückkommen.[28] Mit hunderttausendmal weniger Neuronen als ein menschliches Gehirn ist ihre kognitive Verarbeitung der visuellen Umgebung doch sehr ausgeklügelt. Sie können sich die Merkmale von aufgesuchten Nahrungsquellen einprägen, wie Standorte von Blumen, ihre Nektarproduktion je nach Tageszeit, ihre Zuckerkonzentration etc. Diese Stärken der Bienen müssen zweifelsohne mit ihrer Fähigkeit in Zusammenhang gebracht werden, Dinge in Kategorien einzuteilen, bis vier zu zählen oder auch eine mentale Karte zu besitzen und Konzepte zu beherrschen, wie das Herstellen abstrakter Beziehungen und das Verbinden von Objekten miteinander (Zahlen, räumliche Konstellationen etc.).[29]

Wie stellen diese Tiere das an? Obwohl noch sehr viele Rätsel bestehen, werden doch zahlreiche Theorien vorgebracht.

Wissenschaftler, die an der Orientierung von Tieren arbeiten, sind sich grundsätzlich darüber einig, dass die »Kopplung« ganz grundlegend für die tierische Orientierung ist, ob es sich dabei um Weichtiere, Insekten oder Menschen handelt. Die Bezeichnung für diese Art der Orientierung ist der menschlichen Navigation entliehen und bezieht sich auf die Methode, mit der Seefahrer auf hoher See navigieren. Heutzutage spricht man von der Integrierten Navigation. In beiden Fällen beruht diese Methode darauf, ausgehend von einem Fixpunkt mehrere Orte aufzusuchen und danach direkt zum Ausgangspunkt zurückzukehren. Bei den Menschen beruht diese Methode für gewöhnlich auf dem Gebrauch von Gerätschaften, die einen Kurs, Geschwindigkeit, Zeit und geschätzte oder berechnete mögliche Einflüsse der Umwelt (Wind, Strömungen, Topografie) für ihre Route abmessen. Folglich wird wenigstens ein Kompass, ein Log, um die Geschwindigkeit abzuschätzen (oder auch ein Tacho), ein Chronometer und eine ausgezeichnete Kenntnis des Milieus benötigt. In anderen Worten, man muss Zeit und Raum beherrschen, und um das zu tun, bedienen sich Menschen meistens der Technologie. Dennoch ist diese Methode ungewiss, und wenn der Seefahrer sich verirrt, dann merkt er das wohl nicht einmal. Deshalb benutzt man heute genauere, weniger gewagte Methoden wie das GPS.

Insekten und Schimpansen gehen anders vor, aber wie? Nehmen wir uns noch einmal das Beispiel der Wüstenameise aus der Sahara vor *(Cataglyphis fortis)*, die das sehr schön illustriert und über 20 Jahre hinweg beobachtet wurde.[30] Diese

## Navigieren und Gedächtnis

Einzelgängerin ernährt sich von Insektenkadavern und Gliederfüßern, die den Strapazen der Wüste zum Opfer gefallen sind. Stellen Sie sich vor, wie diese Ameise ihr Nest mitten in der Wüste verlässt, um Nahrung zu suchen. Sobald sie etwas Fressbares gefunden hat, stellt sich ihr ein Dilemma: Sie muss zurück zu ihrem Nest. Viele Ameisen behelfen sich mit Indizien in ihrer Umgebung (nach dem Halm nach links abbiegen, nach dem Stein nach rechts), andere markieren Stellen mit Gerüchen – diese Ameise aus der Sahara geht anders vor. Zunächst einmal benutzt sie die Sonne, um sich zu orientieren, und da ist sie nicht die Einzige. Aber sie merkt sich auch die Entfernung, die sie zurückgelegt hat. Wie? Ein Experiment zeigt das sehr gut. Lassen Sie eine Ameise die Strecke bis zu ihrer Nahrung zurücklegen. Dann bringen Sie kleine »Stelzen« an ihren Beinen an und lassen sie den Weg zum Nest zurückgehen. Sie nimmt die richtige Richtung, geht aber sehr viel weiter als nur bis zu ihrem Nest! Warum? Weil sie mit den Stelzen größere Schritte macht ...[31] Das heißt also, dass diese Ameise sich anhand der Schritte orientiert, die sie machen muss, um wieder zu ihrem Nest zu gelangen. Nehmen Sie ihr die Stelzen danach wieder ab, dann orientiert sie sich an den Schritten, die sie während der letzten Strecke (mit den Stelzen) zurückgelegt hat, und kommt nicht ganz bis zum Nest. Sie hat also in ihrem Nervensystem eine Art Schrittzähler verankert, der misst und sich merkt, wie viele Schritte gemacht wurden. Und bei jeder Rückkehr zum Nest wird der Zähler wieder auf null gestellt.

Doch diese Ameise kann noch mehr, denn ihr Rückweg und somit die Anzahl der Schritte, die sie macht, hängen auch von dem Ort ab, an dem sie ihre Nahrung findet. Stellen Sie sich vor, dieselbe Ameise geht wieder auf Nahrungssuche. Dafür läuft sie etwa 600 Meter im Zickzack. Sobald sie ihre Nahrung gefunden und eingesammelt hat, kehrt sie zum Nest zurück, und zwar auf einer geraden Linie von 150 Metern. Diese »Koppelung« hängt von den erlangten Informationen ab, je nach der Bewegung, die sie auf ihrer Wegstrecke vollführt. Doch wie stellt sie es an, beständig den Vektor zu kalkulieren, der ihr Nest anzeigt? Bei Wirbeltieren wie Ratten scheint dieser Navigationsmodus von den Veränderungen beeinflusst zu werden, die im Gleichgewichtsorgan (Sinnesorgan, das sich im Innenohr befindet) verankert sind, aber bei den Gliederfüßern?[32] Momentan herrscht keine Einigung über die Mechanismen, die sie verwenden, um die zurückgelegten Strecken in eine gegebene Richtung abzuschätzen. Eine Hypothese legt nahe, dass die Ameisen die Entfernung mithilfe der propriozeptiven (oder auch idiothetischen) Raumorientierung messen, wobei die Propriozeption, oder Tiefensensibilität, die Wahrnehmung der eigenen Körperbewegung und Lage im Raum beschreibt. Ameisen würden demzufolge Anhaltspunkte benutzen, die ihr eigener Organismus hervorbringt, und diesen mit dem Standort ihres Körpers abgleichen, um sich zu orientieren. In anderen Worten, sie könnten optische Orientierungspunkte aus ihrer Umgebung nutzen (Stand der Sonne, Hinweise entlang der Wegstrecke), um sich ein Netzwerk zu erschließen, und ihre Orientierung würde dann von der Geometrie der Wegkreuzungen dieses Netzwerks bestimmt. Der genaue Winkel der Weggabelungen könnte demnach die Wahl der Route in dem Netz von Gängen beeinflussen ... Ameisen wären also in der Lage, diese Hinweise mit den propriozeptiven Informationen zu kumulieren, indem sie ihre Schritte oder die Zahl der durchgeführten Achsendrehungen ihres Körpers zählen. Ein solches System hätte direkt bedingt durch das Lebensmilieu entstehen können: In der Wüste optische Orientierungspunkte auszumachen ist fast unmöglich, und Gerüche werden aufgrund der hohen Tagestemperaturen rasch überdeckt. Diese Fähigkeit, systematisch den optimalen Weg zu wählen, selbst bei den schwierigsten Pfaden, ist das Faszinierende an den Ameisen in einem solchen Lebensumfeld – eine weitere spezifische Adaptation, die nur wenig Raum für Vergleiche mit anderen Arten lässt. Dennoch bleibt das genaue Funktionieren dieser Mechanismen bei der Ameise ein Rätsel und muss noch weiter erforscht werden, genau wie auch andere Antworten für diese und zahlreiche weitere Arten gefunden werden müssen. Manche Spinnen in Südamerika *(Cupiennius salei)* sind wohl ebenfalls in der Lage, die Entfernung einer zurückgelegten Strecke anhand von propriozeptiven Hinweisen zu berechnen.[33] Fest steht jedenfalls, dass winzige Gehirne überaus komplexe Aufgaben lösen können.

Um mehr über die Komplexität der Orientierungsleistung herauszufinden, sehen wir uns doch einmal eines der beeindruckendsten Beispiele des Heimfindeverfahrens an. Es handelt sich um eine Vogelart, die schon vor 3.000 Jahren den Sieger der Olympischen Spiele verkündete, dann unter anderem viel vom Militär genutzt wurde: die Brieftaube *(Columba livia)*. Ihre Fähigkeit, immer den Weg zu ihrem Taubenschlag zurückzufinden, fasziniert schon seit Tausenden von Jahren, eine der ersten Erklärungen für dieses Verhalten verdanken wir Charles Darwin. Ihm zufolge erinnern sich die Tiere an die Kurven und Krümmungen ihres Hinfluges. Allerdings kann diese Theorie nicht länger aufrechterhalten werden, wie Sie gleich verstehen werden.

Sie bringen die Tauben in dunklen Behältnissen an einen ihnen unbekannten Ort. Dazu verfrachten Sie sie in eine Transportbox und nehmen eine Strecke voller Kurven. Als würde das noch nicht ausreichen, betäuben Sie einige Tauben auch noch. Am Zielort angekommen lassen Sie die Tauben frei. Was passiert dann? Tja, die Tauben fliegen geradewegs in ihren Taubenschlag zurück. Wie gehen sie dabei vor? Das ist ein Rätsel, und die Theorien dazu überschlagen sich … Manche behaupten, die Tauben würden sich durch Anhaltspunkte auf der Erde orientieren. In den Siebzigerjahren haben ihnen Wissenschaftler matte Linsen aus Glas auf die Augen gelegt, um sie kurzzeitig erblinden zu lassen. Das Ergebnis: Obwohl sie sich gegen Ende ihres Weges an manchen Hindernissen gestoßen haben, finden sie doch den Rückweg zum Taubenschlag. Die unlängst vorgebrachte Theorie der Orientierung an der Sonne schlägt vor, dass die Tauben sich anhand des Sonnenstands orientieren. Das Problem dabei: Die Tauben finden den

## Navigieren und Gedächtnis

Nachhauseweg auch dann, wenn der Himmel bewölkt oder es dunkel ist. Kommen hier vielleicht olfaktorische Fähigkeiten zum Einsatz, die den Tauben helfen, ihren Taubenschlag auch über mehrere tausend Kilometer Entfernung zu riechen? Nein, denn selbst wenn sie durch ihren Geruchssinn geleitet würden, dann würde er bestimmt nicht ausreichen, um ihre Fähigkeit zu erklären, wie sie sich an völlig unbekannten Orten orientieren können. Eine andere Hypothese lautet: Magnetismus, als eine Art biologischer Kompass. Aber wenn der Kompass den Norden anzeigt, so zeigt er doch noch lange nicht die zu nehmende Strecke an, um nach Hause zu kommen. Oder aber dieser Kompass müsste den Breitengrad anzeigen, Abweichungen im Erdmagnetfeld sowie die Neigung dieses Feldes, die vom Breitengrad abhängt, erspüren. Und dann müsste der Kompass auch noch den Längengrad anzeigen. Unterm Strich: Man bräuchte ein GPS. Denn die Tauben können sich orientieren – egal wo sie sind und wohin sie fliegen. Sogar wenn man Magnete an ihrem Körper befestigt, um ihr mögliches magnetisches Empfinden zu stören, finden sie ihren Taubenschlag. Magnetismus allein reicht also nicht.

Die am meisten anerkannte Theorie für ihre Orientierung in unbekanntem Gebiet ist jene der Karte in Verbindung mit dem Kompass. Sie impliziert zunächst einen Mechanismus zur Bestimmung des Standorts (Karte) und dann einen Mechanismus, um die Richtung zu einem Ziel zu kalkulieren (Kompass). Diese Richtung kann aktualisiert werden, erlaubt dementsprechend ein Korrigieren der Flugstrecke oder Umwege. Der verwendete Kompassmechanismus, mit dem der Weg zu einem bestimmten Ziel beibehalten werden kann, beinhaltet himmlische Anhaltspunkte (Azimut der Sonne, Sternkonstellationen), geophysische und visuelle (Topografie).

Bislang hat eine Mehrheit der Untersuchungen versucht, das Wesen dieser Kompassmechanismen zu entschlüsseln,[34] wohingegen die Arbeiten über die Kartenmechanismen nach wie vor strittig sind (Geruch, Magnetismus, geografische Hinweise).[35] Außerdem wissen wir noch immer nicht, ob die Standortbestimmung mithilfe besagter Karte kognitiv ist oder nicht. Impliziert diese Karte also eine geistige Abbildung der räumlichen Beziehungen zwischen den Objekten? Aber vielleicht ist ja eine Gruppe Schweizer Wissenschaftler im Begriff, das Rätsel zu lüften.[36] Ihre Fragestellung? Wissen Tauben wirklich, wo sie sind, und besitzen sie eine Reihe räumlich-mentaler Koordinaten, die es ihnen erlauben, unterschiedlichste Strecken zu wählen? Ihr Ziel? Prüfen, ob Brieftauben eine mentale Karte benutzen, in der gleichzeitig ihr Standort (an einem ihnen unbekannten Ort), der Taubenschlag und – für ihren Futterbedarf unterwegs – eine Kornkammer abgebildet sind. Ihr Ergebnis? Die ausgehungerten Tauben wählen die Kornkammer als Flugziel, wohingegen gesättigte Tauben den Taubenschlag als Ziel wählen. Eine genaue Analyse der Flugstrecken zeigt, dass manche Tauben ganz genau in die richtige Richtung fliegen, während andere ihre Flugbahn bei Umwegen, die ihnen die Topografie auferlegt, korrigieren. Ihre Schlussfolgerungen? Die Tauben können ganz eindeutig ihren geografischen

Standort hinsichtlich des beabsichtigten Ziels festlegen. Sie orientieren sich mithilfe einer Karte-Kompass-Strategie und wählen eine Flugbahn, die direkt mit ihrem Ziel in Verbindung steht. Folglich sind sie in der Lage, sich die Orte der verschiedenen zu erreichenden Ziele einzuprägen und eine räumliche Beziehung zwischen diesen Zielen und ihrem Standort in einem unbekannten Gelände herzustellen, was dem Wesen einer kognitiven Karte für die Orientierung entspricht. Dann wäre das Rätsel also gelöst, oder? Ja und nein, denn die Ergebnisse teilen uns nicht mit, wie das möglich ist. Weitere Studien werden notwendig sein, um zu verstehen, wie diese Vögel solche Flüge bewerkstelligen können und wie sie im Lauf der Zeit und mit zunehmender Erfahrung eine mentale Karte erstellen, die eine wachsende Zahl von abgespeicherten Orten beinhaltet, die ihnen die Rückkehr erleichtern. Ameisen und Vögel: derselbe Kampf. Wir müssen weitersuchen, wenn wir wirklich verstehen wollen, wie diese Tiere auf so beeindruckendem Weg ihr Zuhause ansteuern.

## Achtung, Gefahr: Raubtiere!

Diese Orientierungsfähigkeiten trifft man manchmal auch bei den Raubtieren an, wenn es darum geht, ihre Beute aufzustöbern. Die Kopffüßer können zum Beispiel mehrere Informationsquellen gleichzeitig benutzen (visuelle Hinweise, Licht, elektromagnetische Wellen). Sie profitieren demzufolge von mehreren »GPS«-Werkzeugen, die sie je nach Bedarf auswählen.[37] Wenn diese Stärken den Raubtieren nützlich sind, dann warten die Arten, die vor ebendiesen Raubtieren flüchten wollen, mit Orientierungsfähigkeiten und räumlicher Erinnerung auf. Ein Beispiel, das von den beeindruckenden Fähigkeiten zeugt, sind die Erdmännchen *(Suricata suricatta)*, diese reizenden kleinen Fleischfresser, die im Südwesten von Afrika leben und sich häufig aufrichten, mit stark gestrecktem Körper und Hals, in wachsamer Haltung, um zu überprüfen, ob Raubtiere in der Nähe sind. Denn dieses kleine Tier, das innerhalb der Kolonien in großen Familien lebt, ist dem starken Stress durch Prädatoren ausgesetzt. Es muss also zu jeder Zeit wissen, welcher Zufluchtsort von den Tausenden, über die es auf seinem Gebiet verfügt, gerade der nächste ist. Dieses Wissen ist unerlässlich, um schnellstmöglich zum jeweiligen Refugium zu kommen. Ein Dauerstress! Dafür sind sie aber sehr gut organisiert. Stellen Sie sich eines der Tiere vor, eine Art Wachposten, der regelmäßig abgelöst wird und beständig den Himmel und den Boden nach Raubtieren absucht, die sich ihnen nähern könnten. Während dieser Zeit gehen andere Individuen ihren Beschäftigungen nach, graben im Boden, suchen nach Beute, achten dabei aber dennoch auf die Sicherheit der Gruppe, indem sie sich häufig auf die Hinterbeine stellen, um alles in der Ferne zu sondieren. Sobald ein Greifvogel, eine Schlange, ein Kojote oder ein anderer Fleischfresser entdeckt wird, stoßen sie einen alarmierenden Schrei aus. Es ist im Übrigen faszinierend festzustellen, dass diese Schreie sich je nach Raubtier und

## Navigieren und Gedächtnis

sogar nach der Dringlichkeit der Gefahr akustisch unterscheiden, als würden sie darauf hinweisen, woher Gefahr droht (Luft, Boden?) und wie viel Zeit den Individuen bleibt, um sich zu verstecken.[38]

Sobald der Alarm jedenfalls ausgelöst ist, rennen die Tiere schnellstmöglich in den nächsten Unterschlupf. Überaus beeindruckend daran ist, dass sie sich nicht einmal die Zeit nehmen, das Gebiet mit Blicken abzusuchen oder irgendwelche Gerüche zu prüfen. Wie gelingt es den Erdmännchen, sich umgehend und so optimal in Sicherheit zu bringen? Das ist keineswegs nur Zufall. Die erwachsenen Tiere scheinen eine sehr präzise Einschätzung der zurückzulegenden Entfernung und der dafür benötigten Zeit zu haben, ebenso der Richtung, die sie einschlagen müssen, um zum nächstgelegenen Unterschlupf zu gelangen – und das alles zu jedwedem Zeitpunkt und unter Einberechnung ihres aktuellen Standorts.[39] Selbst wenn es den Erdmännchen manchmal nicht gelingt, einen Unterschlupf in ihrem Revier zu finden, so scheinen sie doch eine Mehrzahl von verfügbaren Unterschlupfmöglichkeiten zu kennen, womit immer noch Hunderte, um nicht zu sagen 1000 Orte abgespeichert sein müssen. Diese unglaubliche Fähigkeit des Abspeicherns von Unterschlupfen könnte mit der Fähigkeit der Vögel, die ihre Nahrung lagern, verglichen werden. Mit dem einen Unterschied, dass das Erdmännchen, wenn es versagt, gefressen wird ... Noch so eine unglaubliche Fähigkeit, eine Adaptation an die Lebensbedingungen und Umgebung dieser kleinen Tiere, deren Mechanismen man tatsächlich noch nicht ausreichend erforscht hat. Welche Faktoren beeinflussen ein Erdmännchen, den nächstliegenden oder den am schnellsten zu erreichenden Unterschlupf aufzusuchen? Inwiefern beeinflusst ein Hindernis seine Wahl? Inwiefern beeinflusst der Platz, an dem sich ein Artgenosse oder der Rest der Gruppe aufhält, seine Wahl? So viele unbeantwortete Fragen ... Wir müssten mehr über die Entwicklung der Tiere in den verschiedenen Altersklassen herausfinden, über diese Fähigkeit, je nach Warnruf, und somit je nach Raubtier, gezielt zum besten Unterschlupf zu fliehen. Nur so können wir besser verstehen, wie die Erdmännchen lernen, sich über 1000 Verstecke zu merken und auch in einem Moment höchster Anspannung das beste für sich auszuwählen.

## Magnetismus in trübem Gewässer: die Orientierung der Delfine

Das Erdmagnetfeld ist ein bipolares Feld, hervorgebracht durch den eisenhaltigen flüssigen Erdkern, der eine richtungsweisende Informationsquelle liefert. Denn sehr viele Arten können dieses Feld erspüren. Wie? Das bleibt ein Rätsel. Wir wissen allerdings mit Sicherheit, dass manche landlebenden Säugetiere (Hirsche, Nagetiere, Füchse, Fledermäuse ...) und Vögel sich automatisch an diesem Feld orientieren und eine Art magnetischen Kompass nutzen, um sich fortzubewegen, oder auch ihr Nest bauen, indem sie sich auf dieses Feld beziehen.⁴⁰ So sieht es für das Leben auf dem Land aus. Aber was ist mit dem Leben im Wasser? Anscheinend liefern erdmagnetische Informationen auch mögliche Hinweise für die Orientierung von Walen.⁴¹ Beobachtungen von Migrationsrouten von wildlebenden Walen lassen tatsächlich vermuten, dass sie auf das magnetische Feld reagieren. Aber noch liegt kein experimenteller Beweis für die magnetische Wahrnehmung vor. Das Rätsel bleibt in Gänze bestehen – zumindest war das so bis zum Jahr 2014, als ein Teil davon gelüftet wurde. Bis dahin ließen ein paar Hinweise vermuten, dass einige im Meer lebende Säugetiere empfindlich auf erdmagnetische Informationen reagieren, wie jene Migrationsrouten von manchen Walen, die Strecken mit schwacher erdmagnetischer Intensität folgen, oder auch Vorkommnisse von Walen, die bisweilen an den Kreuzungen zwischen den Küsten und dem erdmagnetischen Feld stranden. Man muss aber einräumen, dass keine Gewissheit bezüglich dieser rätselhaften Ereignisse existierte und dass kein experimenteller Beweis für die Empfindlichkeit auf magnetische Felder bei den Walen geliefert wurde – bis zu dieser französischen Studie.⁴²

Delfine sind dafür bekannt, ein äußerst interessiertes und neugieriges Verhalten an den Tag zu legen, sobald man ihnen neue Gegenstände präsentiert. Dieses Verhalten machte man sich zunutze, indem man für eine Versuchsreihe mit Großen Tümmlern *(Tursiops truncatus)* in willkürlicher Reihenfolge zwei identische Plastikkanister in 50 Zentimetern Tiefe anbrachte: einer entmagnetisiert, der andere höchst magnetisch.

Interessieren sich die Tümmler gleichermaßen für beide Kanister? Nähern sie sich eher dem magnetischen oder aber im Gegenteil dem entmagnetisierten Kanister? Die Antwort ist eindeutig, lässt keinen Zweifel zu: Die Tümmler zeigen automatisch Interesse an beiden Kanistern, allerdings ist das für den magnetischen Kanister größer. Sie wenden sich also schneller dem magnetischen Kanister zu als dem anderen und unterscheiden zwischen zwei Gegenständen, deren einziger Unterschied ihre magnetischen Eigenschaften sind. Wie niedrig ist bei Tümmlern die Bestimmungsgrenze für magnetische Schwingungen angelegt? Welche Organe spielen hier eine Rolle? Noch sind viele Fragen ungeklärt, und weitere Nachforschungen werden bestimmt von Bedeutung und überaus aufregend sein. Eine Spur: Magnetit, eine Art natürlicher Magnet, bestehend aus Eisenoxid, wurde in der Hirnhaut (einer Schutzschicht um das Gehirn) von Delfinen gefunden. Diese winzigen Partikel könnten sich am magnetischen Feld ausrichten und Informationsimpulse gemäß eines noch unerforschten Prozesses an das zentrale Nervensystem weiterleiten.[43] Magnetismus, genau wie sensorische Fähigkeiten der Lebewesen, müssen erst noch erforscht werden und stellen in den nächsten Jahren vermutlich eine phänomenale Quelle für Entdeckungen dar, auch was viele Fähigkeiten angeht, darunter die Orientierung.

## Navigieren und Gedächtnis

# Wie verhält sich eine Eidechse im Labyrinth?

Die Fähigkeiten des räumlichen Erinnerungsvermögens von Reptilien (Schlangen und anderen Eidechsen) wurden lange Zeit bestenfalls für möglich, schlimmstenfalls für inexistent gehalten. Selbst wenn ein paar vereinzelte Studien gezeigt haben, dass Eidechsen sich möglicherweise durch Hinweise orientieren, die mit dem Sonnenkompass in Verbindung stehen, und Schlangen sich visueller Orientierungspunkte bedienen können, so bleiben diese Ergebnisse doch äußerst rar gesät, oder aber sie sind sehr umstritten.[44] Die gängigste zugelassene Hypothese besteht darin, dass Reptilien keine räumliche Erinnerung haben. Bis 2012 war das tatsächlich die wahrscheinlichste Hypothese, doch in diesem Jahr wollen amerikanische Wissenschaftler überprüfen, ob der Gemeine Seitenfleckleguan *(Uta stansburiana)*, ein äußerst territoriales Tier, über räumliche Erinnerung verfügt oder nicht.[45] Sie gehen von der Idee aus, dass diese Art ihr Gebiet verteidigen und somit über ein hoch entwickeltes räumliches Erinnerungsvermögen verfügen muss, um bei dieser Aufgabe brillieren zu können. Um ihre Hypothese zu überprüfen, führen sie einen bei Nagetieren klassischen Test durch: das Barnes-Labyrinth, eine runde Plattform, die auf einem Fuß angebracht (also eine Art runder Tisch) und am Rand mit Löchern versehen ist. Eine dieser Öffnungen führt zu einer Aushöhlung, über die das Tier flüchten kann. Um das richtige Loch zu finden, gibt es keinerlei äußere

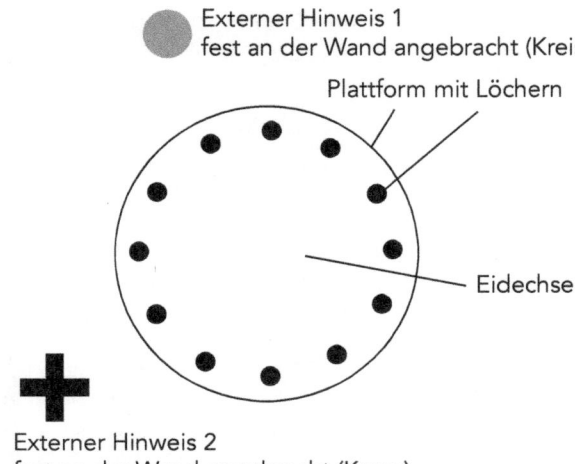

**Abbildung 11.** Schema des Barnes-Labyrinths, um das räumliche Erinnerungsvermögen bei Gemeinen Seitenfleckleguanen zu testen (modifiziert nach LaDage et al., 2012).

Merkmale auf der Plattform, wohl aber im Raum. Das Tier muss demnach eine regelrechte räumliche Orientierungsstrategie unter Beweis stellen, da es sich Hinweisen bedienen muss, die weit von seinem Ziel entfernt sind und nicht direkt das entsprechende Loch für den Ausweg kennzeichnen (Abbildung 11).

Wenn die Echsen über ein räumliches Erinnerungsvermögen verfügen, dann sollten sie sich in einem experimentellen Kontext auf der Plattform fortbewegen, indem sie die fest im

## Navigieren und Gedächtnis

Raum angebrachten Hinweise nutzen (ein schwarzes Kreuz und ein grauer Kreis, die sich an zwei Wänden im Raum befinden) und ihre Bewegungen zum richtigen Loch mithilfe dieser Hinweise vollführen. Die Versuchsergebnisse sind eindeutig. Die sieben Echsen bewegen sich offenkundig in die richtige Richtung. Im Lauf der Versuche wird klar, dass die Echsen die richtigen Löcher nicht zufällig finden, sondern sie dank ihrer räumlichen Erinnerung wiederfinden, die es ihnen erlaubt, sich anhand der räumlichen Hinweise an den Wänden zu orientieren. Folglich ist auch klar, dass zumindest manche Reptilien über eine räumliche Erinnerung verfügen. Es ist sehr wahrscheinlich, dass diese Fähigkeit eine Adaptation ihres territorialen Verhaltens darstellt und gute Kenntnisse ihrer Umgebung einschließt, damit sie sich besser verteidigen können. Im Lauf der Evolution eine solche Fähigkeit zu entwickeln ist also nicht nur von Bedeutung für die Nahrungssuche, sondern auch für den Schutz von Leben und Revier. Was für eine wunderbare Vielfalt, die die Aufgabe, davon auf die Intelligenz zu schließen, wieder einmal erschwert; noch dazu, wo sie sich nicht nur zwischen den verschiedenen Arten, sondern auch in der Stammesgeschichte innerhalb einer Art vergleichen lässt.

## Wer verfügte als Erster über räumliche Orientierung?

Ob es sich nun um eine Ameise oder einen Schimpansen, ein Erdmännchen oder einen Vogel, einen Delfin oder eine Eidechse handelt, die Probleme, die sich ihnen in der Erfassung von Raum und Zeit stellen, sind mal identisch, mal unterscheiden sie sich, und die gefundenen Lösungen sind zahlreich. Bei all den Kopffüßern, den unzähligen Insekten, Nagetieren, Vögeln und Fischen, die geometrische Verbindungen zwischen visuellen Anhaltspunkten etablieren, um ihr Nest oder ihre Nahrung zu finden,[46] den Vögeln und manchen Meeressäugetieren, die magnetische Eigenschaften der Erde als Informationsquelle nutzen, um sich über kurze oder lange Strecken fortzubewegen, und manchen Primaten, die sich dafür ein sehr hoch entwickeltes räumliches Erinnerungsvermögen zunutze machen, weist die räumliche Orientierung eine unglaubliche Vielfalt auf. Sie stellt auch deutlich die zahlreichen gemeinsamen Fähigkeiten zwischen sehr unterschiedlichen Tieren heraus, ob sich diese Unterschiedlichkeit nun an ihrem Lebensraum zeigt (Wüste, Wald, Meer …), ihrem generellen Verhalten (soziale Tiere, Einzelgänger, Tiere mit ausgeprägtem Territorialverhalten …) oder aber ihrer Physiologie (Struktur des Gehirns, sensorische Fähigkeiten …).

Man nimmt generell an, dass diese gemeinsamen Adaptationen an ein sehr leistungsfähiges Gedächtnis gebunden sind. Doch das Erinnerungsvermögen der Tiere ist noch nicht ausreichend erforscht, und wir müssen erst noch die nächsten Jahre abwarten, um die unterschwelligen Mechanismen dieser gemeinsamen Fähigkeiten für die Orientierung zu verstehen. Man könnte nämlich erwarten, dass bei Tieren, die sich mit solch unterschiedlichen lebenswichtigen Problemen konfrontiert sehen, wie dem Auffinden des Nests, der Beschaffung von Nahrung und ihrer Lagerung, der Verteidigung des Reviers, der Partnersuche etc., unterschiedliche Fähigkeiten der Erinnerung und der Orientierung bei den unterschiedlichen Arten anzutreffen wären. Aber das ist nicht automatisch der Fall. Zweifelsohne wurde hier die Vielschichtigkeit des Verhaltens, der Adaptation, des Zufalls und der Evolution nicht berücksichtigt. Es gibt keine eindeutige und systematische Korrelation zwischen dem Lebensraum, den Verhaltensweisen, der damit verbundenen Physiologie und dem Erinnerungs- und Orientierungsvermögen. Folglich ist es sehr schwer, um nicht zu sagen unmöglich, die Entwicklung dieser Fähigkeiten zu verallgemeinern, indem ein Verhalten oder eine anatomische Struktur besonders herausgestellt wird, in gleichem Maße wie man Überlegungen zur Bedeutung der räumlichen Erinnerung und der Orientierungsleistung bei einer Art nicht mehr hervorheben kann als bei einer anderen.

Man kann eigentlich nur vorbringen, dass sehr alte Arten, wie die Vorfahren der heutigen Kopffüßer (darunter der *Nectocaris pteryx*, der vor etwa 500 Millionen Jahren lebte),[47] die ihre räumliche Erinnerung und visuelle Anhaltspunkte nutzten, um sich zu orientieren,[48] vermutlich bereits in der Lage waren, im Wasser richtig zu navigieren. Sehr viele Umstände haben im Lauf der Evolution die Entwicklung von sehr unterschiedlichen Fähigkeiten zum räumlichen Erinnerungsvermögen und zur Orientierung begünstigt, was vermutlich vor 500 Millionen Jahren die Fische einschloss, die Insekten vor 400 Millionen Jahren, die Säugetiere vor 200 Millionen Jahren, die Vögel vor 150 Millionen Jahren, die Primaten vor 60 Millionen Jahren und schließlich die Menschen, die in den Industriestaaten übrigens nicht mehr ihr Erinnerungsvermögen, sondern ein GPS nutzen. Wer hat die räumliche Orientierung als Erster strategisch eingesetzt und warum? Unmöglich, darauf eine Antwort zu finden.

Es ist ebenfalls sehr schwer, der Orientierung und dem Erinnerungsvermögen innerhalb der Intelligenz und allen anderen Fähigkeiten, die sie umfasst, den richtigen Platz zuzuweisen. Intelligenz darf auf gar keinen Fall auf das Erinnerungsvermögen reduziert werden, selbst wenn die Fähigkeit, sich viel merken zu können, gewissen Arten einen Vorteil verschafft. Hunderte von wissenschaftlichen Artikeln beschreiben dieses Verhalten der Orientierung, der räumlichen Darstellung, der Erinnerung und der Heimkehr für sehr viele Arten. Aber inwiefern beeinflusst die Intelligenz dieses Verhalten? Sie spielt zweifelsohne eine Rolle, betrachtet man die Verhaltensanpassungen, die all jene Tiere zeigen, weil sie mit den Veränderungen ihres Lebensraums mithalten müssen, die zum Teil sehr schnell vonstattengehen. Ganz zu schweigen von den Adaptationen und Entscheidungen, die zum Teil sofort getroffen

## Navigieren und Gedächtnis

werden müssen, wenn sie überleben wollen (Flucht vor einem Raubtier). Wenig involviert ist die Intelligenz wiederum, betrachtet man manche Arten, deren anatomische oder physiologische Fähigkeiten sehr spezifisch sind und mit Orientierungsstrategien assoziiert werden (Fortbewegungsfähigkeiten, hoch entwickelte sensorische Fähigkeiten etc.).

Dementsprechend verlangt die Orientierung, genau wie das Herstellen und der Gebrauch von Werkzeug, nicht automatisch nach herausragenden kognitiven Fähigkeiten. In einem derart vielfältigen und komplexen Kontext ist es auch hier nahezu unmöglich, auf eine Entwicklung von Orientierungsfähigkeiten und damit einhergehend von Intelligenz zu schließen. Wie für viele andere Merkmale ist auch diese Entwicklung nicht linear, und ihre Komplexität macht es unmöglich, Verallgemeinerungen über die Intelligenz des Menschen im Vergleich zu der anderer Tiere aufzustellen. Nehmen Sie jemanden aus Paris und stellen Sie ihn mitten in die Namib-Wüste, dann werden Sie feststellen, dass er keine Möglichkeit hat, weder physiologisch noch intellektuell, sich in diesem Lebensraum zu orientieren. Setzen Sie ein Erdmännchen in die Pariser Metro, dann wird es dort ebenso verloren sein (obwohl ...)! Wer von beiden ist intelligenter? Das kann man nicht beantworten. Aber erforschen, ob dieser Mensch aus Paris und das Erdmännchen sich ihrem jeweils neuen Lebensraum anpassen würden, und falls ja, wie sie das anstellen, würde neue Überlegungen hinsichtlich ihrer anatomischen, physiologischen und intellektuellen Fähigkeiten in Zusammenhang mit dieser neuen Aufgabe liefern. Dieses überzogene Beispiel zeigt wieder einmal, dass sich die Intelligenz einer Art unmöglich in Vergleich zu einer anderen stellen lässt, solange der Kontext so unterschiedlich ist.

Abgesehen davon, noch einmal zu bestätigen, dass die Orientierungsfähigkeit, wie viele andere Fähigkeiten, ganz bestimmt zu unterschiedlichen Zeiten der Evolution und in unterschiedlichen Klassen von Tieren auftauchte, versehen mit Schuppen, Federn oder Fell je nach unterschiedlicher Adaptation an Lebensraum und Lebensform, können wir nicht viel Neues mit Gewissheit vorbringen. Trotz zahlreicher Studien, die sich der Orientierung und den von Tieren errichteten Strategien zu diesem Ziel widmen, haben wir nur die Oberfläche eines komplexen Problems gestreift, bei dem noch viele Rätsel bestehen. Hoffen wir, dass die technologischen Fortschritte es uns eines Tages erlauben werden, den Schleier über diesen ungelösten Fragen zu lüften, insbesondere der Frage nach der Orientierung mithilfe von noch ungeahnten sensorischen und kognitiven Fähigkeiten.

## KAPITEL 6

# Weitergeben oder nicht weitergeben?

## Innovation und soziale und kulturelle Intelligenz

Wir haben das Jahr 2001 und sind im Vallée des Singes. Die Kapuzinerweibchen gehen ihren täglichen Aufgaben auf ihrer teilweise von Wasser umgebenen Insel nach. Sie suchen im Boden nach Nahrung: kleine Würmer, Schnecken und Nacktschnecken, sie verspeisen Früchte von Hagedorn, der an verschiedenen Stellen auf ihrem Gebiet wächst, sie jagen Mäuse, Frösche, Vögel, und manchmal fischen sie sogar. Manche jungen Kapuzinerweibchen scheuen sich nämlich nicht, die Flexibilität des Schilfgrases zu nutzen, um sich über dem Wasser zu platzieren und so blitzschnell Fische zu fangen. Was vielleicht als Spiel angefangen hat, hat sich in ein regelrechtes Angleraufgebot verwandelt. Um ihre Ernährung zu komplettieren, die trotz allem nicht ausreichend ist, bringen die Tierpfleger regelmäßig zusätzliche Nahrung, wie zum Beispiel Nüsse, nach denen sie ganz verrückt sind. Die Kapuzinerweibchen bedienen sich unterschiedlicher Techniken, um sie zu öffnen. Am häufigsten, da am effizientesten und weil hierfür der geringste Energieaufwand notwendig ist, wird die Nuss gegen unterschiedliche Untergründe geschlagen. Das ist streng genommen kein Einsatz von Werkzeugen, kann aber als Vorstufe des Werkzeuggebrauchs erachtet werden: ein nicht aus der Umgebung losgelöster Gegenstand, der benutzt wird, um einen anderen zu modifizieren.

Dennoch erweisen sich ein paar Punkte als überaus interessant für unser Vorhaben. Beim Beobachten stelle ich rasch fest, dass junge Kapuzinerweibchen einen anderen Untergrund wählen als ausgewachsene. Ich beschließe, diese Wahl auszuzählen. Nach mehreren Wochen habe ich dann das Ergebnis.[1] Junge Weibchen schlagen die Nüsse gegen alle möglichen Untergründe, häufig ziellos und unpassend: weiche oder ganz dünne Zweige, Matsch oder auch Blätter. Die ausgewachsenen Weibchen hingegen wählen systematisch einen härteren Untergrund: den asphaltierten Weg durch ihr Gehege oder auch kleine Steinplatten, die an verschiedenen Stellen der Insel liegen. Natürlich hat die Wahl des Untergrunds einen direkten Einfluss auf den Erfolg und die Effizienz des Nussknackens: Je härter der Untergrund, umso weniger Schläge werden benötigt. Während die jungen Kapuzinerweibchen die Nüsse zufällig und auf alle möglichen Untergründe schlagen, auch wenn diese nur wenig sinnvoll sind, wenden die erwachsenen hier eine äußerst wirksame Strategie an. Um Nüsse mit möglichst

## Innovation, soziale und kulturelle Intelligenz

wenig Schlägen zu knacken, wählen die erwachsenen Weibchen eine Strategie mit einem harten Untergrund, während die jungen erst noch lernen müssen, durch Erfahrung den richtigen Untergrund zu wählen. Die Kapuzineraffen müssen also lernen. Und diese Fähigkeit, ob ein Individuum oder eine Art etwas erlernen kann oder nicht, ist ein interessantes Kriterium, um die Intelligenz zu beurteilen.

Was die Fähigkeit des Erlernens betrifft, so gibt es unzählige Beispiele im Tierreich. Es gibt aber noch eine andere, weniger verbreitete Fähigkeit, die dabei sehr zweckmäßig zu sein scheint. Nehmen wir Paula, ein Weibchen mit einem zur damaligen Zeit niedrigen Platz in der Rangordnung der Gruppe, also ein sehr dominiertes Äffchen. Erste Herausforderung für Paula: eine Nuss zu ergattern. Als ihr das trotz des Drucks ihrer Artgenossen schließlich gelingt, entfernt sie sich automatisch in die höher gelegenen Bereiche des hölzernen Klettergerüsts auf der Insel, damit man ihr die Beute nicht streitig macht. Das ist nicht weiter überraschend, mit Ausnahme dessen, dass sie ständig zum selben Ort zurückkehrt, um ihre Nuss aufzuschlagen, und zwar an den Rand einer Holzscheibe. So bleibt sie außer Reichweite der anderen Weibchen, die damit beschäftigt sind, ihre Nüsse an den strategisch sinnvollsten Orten auf dem Boden aufzuschlagen. Warum also wählt Paula diesen besonderen Ort und warum so systematisch? Ich beschließe, mir ihren Lieblingsort anzusehen, und entdecke, dass am Rand der Holzscheibe, zu der Paula sich hingezogen fühlt, ein Nagel steckt ... Paula, die unterdrückt wird und somit keinen Zugang

## Weitergeben oder nicht weitergeben?

zu den privilegierten Bereichen auf dem Boden hat, muss sich also nicht nur entfernen, sondern auch eine andere Lösung finden, will sie ihre Nüsse knacken. Und was für eine Lösung! Da sie nicht wie die anderen erwachsenen Tiere vorgehen kann, muss sie nach Alternativen suchen, um ihr Ziel zu erreichen. Und sie hat einen ganz neuen und wirksamen Untergrund gefunden, um ihre Nuss zu knacken: einen Nagel!

Sehen wir uns ein anderes Beispiel an. Fetnat ist ein junges Weibchen, das Zugang zum härtesten Untergrund hat. Ihr stellt sich allerdings ein anderes Problem als Paula: Sie hat weder die Kraft noch die notwendige Technik, um die Nüsse zu knacken, auch wenn sie sie gegen den härtesten Untergrund schlagen kann. Doch sie ist durchaus motiviert. Es ist früh am Morgen. Ich bin auf dem Hauptweg der Insel der Kapuzineraffen, dem härtesten Untergrund dort. Überall um mich herum liegen Nüsse. Während andere Individuen ihrer Aufgabe nachgehen, hält sich die kleine Fetnat in meiner Nähe auf und beobachtet die verfügbaren Nüsse. Zu meiner großen Überraschung beschließt sie, sich meinem rechten Fuß zu nähern, und versucht, ihn hochzuheben. Das gelingt ihr nicht, doch da ich verstehe, was sie will, helfe ich ein bisschen nach und hebe die Fußspitze an. Was macht Fetnat? Sie legt eine Nuss darunter und hüpft dann mehrfach auf meinen Schuh! Das reicht nicht aus, weil Fetnat jung ist und nicht über die notwendige Kraft verfügt. Aber die Idee ist wunderbar! Vielleicht hat sie beobachtet, wie eines Tages eine Nuss geknackt wurde, weil jemand darauftrat? Vielleicht ist es aber auch wirklich eine

## Innovation, soziale und kulturelle Intelligenz

Erfindung von ihr? Wer weiß? Dieser Versuch ragt jedenfalls heraus. Abgesehen von dem spielerischen Aspekt dieser Beispiele stellen sich ein paar grundlegende Fragen. Warum werden diese Erfindungen oder Innovationen[2] innerhalb der Gruppe nicht weitergegeben? Warum suchen die dominierten Weibchen zum Beispiel nicht nach weiteren verfügbaren Nägeln auf der Insel, wenn sie den dominierenden Weibchen aus dem Weg gehen müssen? Paula wird dominiert, sie hat einen niederen Rang in der sozialen Gruppe inne. Vielleicht wird sie nicht ausreichend beobachtet, um andere zu inspirieren? Werden diese Erfindungen nicht innerhalb der sozialen Gruppe weitergegeben, wie sollten sie dann von Generation zu Generation weitergegeben werden und so ein kulturelles Merkmal bilden? Innovation, soziale und kulturelle Intelligenz sind faszinierende Themen, denen wir uns jetzt widmen werden.

## Innovation und Intelligenz:
## Na, was ist, bist du innovativ oder nicht?

Innovation ist ein Schlüsselelement für die meisten Definitionen von Kultur und Intelligenz, was nahelegt, dass die Fähigkeit, mit Neuerungen aufzuwarten, ein Maß für die Intelligenz ist.[3] Sie kann sogar das Überleben eines Individuums oder einer ganzen Art beeinflussen und somit eine bedeutende Rolle in der Evolution dieser Art spielen. Los geht es mit der Verbindung, die Innovation und Intelligenz miteinander vereint. Es gibt zahlreiche Definitionen tierischer Intelligenz, die sich auf neue Lösungen für alte wie neue Probleme beziehen.[4] Rasch wird deutlich, dass die Fähigkeit, Neuerungen einzuführen, ein wichtiges Maß für die Intelligenz ist.[5] Und tatsächlich, um Neuerungen einführen zu können, muss man zunächst einmal in der Lage sein, auf das Neue zu reagieren, einen neuen Lösungsweg zu erkunden und zu finden. Die Faktoren, die diese Fähigkeiten beeinflussen, sind sehr zahlreich. Sie können unabhängig vom Individuum auftreten: Nahrungsknappheit, Seltenheit eines begehrten Gegenstands, Druck von anderen Individuen oder Raubtieren ... In Paulas Fall hat der Druck der Gruppe dazu geführt, dass sie keinen Zugang zu dem Bereich hatte, in dem sie ihre Nuss einfach hätte knacken können, also musste sie nach einer anderen Lösung suchen. Doch diese Faktoren können durchaus auch vom jeweiligen Individuum abhängen: Persönlichkeit (neugierig oder nicht), Erfahrung, Alter, Geschlecht, sozialer Status ... Fetnat ist zweifelsohne ein kleines, sehr neugieriges Kapuzinerweibchen, das beobachtet und ausprobiert. Dementsprechend sind viele Faktoren enthalten.

Außerdem können manche Faktoren als einfach betrachtet werden, weil sie zufällig auftauchen – Fetnat hätte jemanden dabei beobachten können, wie er eine Nuss zertrat – oder aber nach vielen Versuchen und Fehlschlägen – Paula hat vielleicht andere Untergründe versucht, bevor sie sich auf den Nagel konzentrierte. Wieder andere können als komplex erachtet werden und spiegeln mehr die Neuerungen, die aus durchdachten Überlegungen über die Kausalzusammenhänge entstanden sind und sehr viel Erforschen, Lernen und Üben erfordern. Diese Neuerungen treten niemals zufällig auf, da Antrieb oder Kontext dafür sehr ungewöhnlich sind und nichts mit dem typischen Verhalten des Individuums gemein haben. Diese Art komplexer Neuerung existiert nicht bei allen Arten, wie wir noch sehen werden. Die Menschenaffen und die Kapuzineraffen sind exzellente Beispiele dafür, aber das trifft nicht für alle Primaten zu. Daher die Frage: Warum führen manche Arten Neuerungen ein, wohingegen andere das nicht tun?

Zum Einstieg kann angeführt werden, dass es zum Beispiel eine Verbindung zwischen dem Prozentsatz für Neuerungen und der Lernfähigkeit bei Vögeln und Primaten gibt oder aber zwischen Neuerungen und relativer Größe der Strukturen im Gehirn.[6] Außerdem ist offensichtlich, dass manche Kontexte Neuerungen begünstigen und manche Neuerungen mehr Bedeutung haben als andere. Eine Elster, die zum Spielen einen Deckel als Schlitten verwendet, hat nicht dieselbe Bedeutung wie ein Pavian, der Äste auf eine Löwin wirft, um sie zu vertreiben und sein Leben zu retten. Manche Neuerungen können auch zum Ziel haben, das tägliche Leben zu verbessern, wohingegen andere das Überleben sichern sollen. Sehen wir uns ein paar Beispiele an. Betrachten wir eine Schimpansengruppe im Taï-Nationalpark in der Elfenbeinküste, die in einer Umgebung mit unterschiedlichen Nussbäumen lebt. Eine dieser Baumarten *(Panda Oleosa)* bringt sehr harte Nüsse hervor, die geknackt und aufgebrochen werden müssen, bevor sie verspeist werden können. Während andere Schimpansenpopulationen Steine benutzen, verwendet diese Schimpansengruppe schon seit mehreren Generationen Äste. Eines Tages aber nimmt ein Weibchen namens Eureka einen Stein anstelle eines Astes, um eine Nuss zu knacken. Danach wendet Eureka regelmäßig diese neue Methode an. Was passiert dann? Andere Schimpansen, die beobachten, wie Eureka ihre Nüsse knackt, fangen selbst an, die Nüsse mit Steinen zu knacken. Nach mehreren Generationen hat die gesamte Schimpansenpopulation das eine Werkzeug (Äste) gegen ein anderes (Steine) ausgetauscht, um die Nüsse zu knacken.[7]

Man kann hier lang und breit erörtern, ob es sich um eine wirkliche Neuerung handelt oder nicht. Tatsache ist jedoch, dass sich ein neues Verhalten entwickelt hat, das weitergegeben wird.

Neuerungen sind nicht das Privileg von Schimpansen, noch weniger das von Primaten: Auch bei Vögeln treten sie häufig auf.[8] Sehen wir uns an, was bei Krähen passiert, die die Fabel von Äsop (ein großartiger Dichter von Fabeln und Gleichnissen, bei dem sich La Fontaine Inspiration holte) mit dem Titel »Die Krähe und der Wasserkrug« ganz einfach neu interpretierten. Eines Tages fand eine Krähe, die schrecklich durstig war, zufällig einen Wasserkrug, in dem etwas Wasser war. Doch als sie daraus trinken wollte, musste sie feststellen, dass sie mit ihrem Schnabel nicht ganz bis zum Boden des Krugs kam. Sie versuchte, den Wasserkrug umzuwerfen, ihn kaputtzumachen, vergebens. Er war zu schwer. Die Krähe war vor lauter Durst schon ganz verzweifelt, als ihr plötzlich eine Idee kam. Sie

## Innovation, soziale und kulturelle Intelligenz

nahm einen Kiesel und warf ihn in den Krug. Dann noch einen und noch einen und immer so weiter. Nach und nach stieg das Wasser weiter nach oben, und schon bald konnte sie ihren Durst stillen. Was für eine schöne Geschichte, nicht wahr? Aber das ist eine Fabel, werden Sie jetzt einwenden. Sicher, aber eine, die sich bewahrheitete, wie unterschiedliche Experimente zeigen, die amerikanische Wissenschaftler mit Rabenvögeln durchgeführt haben.

Hier eine Saatkrähe, die vor einem ähnlichen Dilemma steht wie die Krähe von Äsop: ein durchsichtiges Plastikröhrchen, das bis zu einem Drittel mit Wasser gefüllt ist, und obenauf schwimmt ein Mehlwurm. Mit dem Schnabel erreicht die Saatkrähe den Mehlwurm nicht. Die Versuchsleiter stellen ihr aber Kiesel zur Verfügung. Und wie in der Fabel von Äsop wirft die Saatkrähe die Steine nacheinander ins Wasser, bis das Wasserniveau hoch genug ist, dass sie den Wurm erreicht. Noch besser: Im Lauf der Tests stellen die Wissenschaftler fest, dass der Vogel immer weniger Steine in das Röhrchen wirft, den Wurm aber dennoch schneller ergattert. Wie das? Indem sich der Vogel die größten Steine heraussucht, um das Wasserniveau so schneller ansteigen zu lassen und den Wurm mit weniger Steinen zu erlangen.[9] Ein weiteres Beispiel: das von Kitty, der Krähe, die ebenfalls vor einem ähnlichen Dilemma wie die Krähe von Äsop steht. Die Versuchsleiter stellen zwei Glasröhrchen vor ihr ab, die halb mit Wasser gefüllt und durch ein weiteres Röhrchen miteinander verbunden sind, um so ein Ensemble von »miteinander kommunizierenden Behältnissen«

zu bilden. In einem der Röhrchen, zu schmal, um einen Stein hineinzuwerfen, befindet sich ein Stückchen Kork, auf dem ein Happen Fleisch liegt. Dieses Stück Fleisch ist viel zu weit unten, um es mit dem Schnabel zu erreichen. Das zweite Röhrchen ist breit genug und mit dem ersten verbunden. Was macht Kitty? Sie sammelt Steine, wirft sie vorsichtig in das Röhrchen ohne Fleisch und lässt so den Wasserpegel des anderen Röhrchens ansteigen, bis sie an ihr Stück Fleisch kommt.[10]

Bei Primaten und Vögeln gibt es zahlreiche Beispiele für Kreativität und Neuerungen, doch nicht nur bei ihnen. Auch die Meeressäugetiere geben hierfür ein gutes Beispiel ab. Die Nahrungssuche durch Zusammenarbeit bei den Buckelwalen im Südosten von Alaska und an der Westküste von Südamerika sind bemerkenswert. Zahlreiche Arten von Meeressäugetieren benutzen ein System von Luftblasen, die sie aufsteigen lassen, um ihre Beute einzukreisen, zusammenzutreiben und so besser fangen zu können. Die Buckelwale haben hierbei eine einzigartige Methode entwickelt, wie sie Heringsbänke einkreisen können.

Ihre Strategie ist dabei folgende. Ein Wal stößt Luftblasen aus, die eine Art Vorhang bilden. Daraufhin geben andere Wale Laute von sich, die die Heringe auf den Blasenvorhang zutreiben. Sobald die Heringe in der Nähe des Blasenvorhangs sind, umkreist der Wal sie und schafft so einen Zylinder mit aufsteigenden Blasen. Die Heringe sitzen im Inneren in der Falle, denn die Luftblasen stellen ein Hindernis für sie dar. Unterdessen

## Innovation, soziale und kulturelle Intelligenz

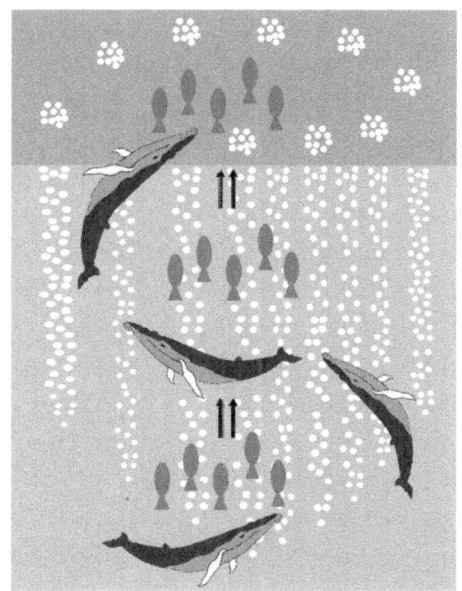

**Abbildung 12.** Wal, der aufsteigende Blasen absondert, um so die eingekreisten Fische zum Aufsteigen zu zwingen.

platzieren sich die anderen Wale unten am Zylinder, wodurch die Heringe nach oben flüchten, angetrieben von den Lauten, die die Wale unten von sich geben. Danach gleiten die Wale gemeinsam nach oben, in die Nähe der Wasseroberfläche, wo sie ihre Mäuler öffnen und die Heringe fangen (Abbildung 12). Diese Fangtechnik der Fische durch Kooperation erlaubt es den Walen, bis zu einer Tonne Nahrung pro Tag zu verspeisen. Außerdem wird sie nur von ein paar Buckelwalpopulationen praktiziert, insbesondere denen in Alaska, was vermuten lässt, dass es sich hierbei wohl um eine Neuerung handelt.

Diese Beispiele für Neuerungen legen nahe, dass diese Tiere über beachtliche intellektuelle Fähigkeiten verfügen. Aber wie haben sich diese Fähigkeiten entwickelt? Es ist möglich, dass es sich um eine spontane Neuerung handelt, die wenig oder gar keinen Bezug zu vergangenen Erfahrungen aufweist. Eine weitere Möglichkeit wäre, dass das Individuum eine in einem anderen Kontext erlebte Erfahrung verallgemeinert hat.[11] In diesem Rahmen wird häufig ein sehr wichtiges Verhalten angesprochen: das Spielen. Tatsächlich entdecken junge Individuen die Eigenschaften ihres Umfeldes beim Spielen, was dann später von entscheidender Bedeutung sein kann, wenn es sich neuen Herausforderungen stellen muss. Das Spiel existiert bei sehr vielen Arten, selbst da, wo man es nicht erwarten würde, wie bei den Rochen, den Fröschen oder den Spinnen,[12] und manchmal geht damit auch spielerisches Erlernen einher.[13] Wir wissen zum Beispiel, dass Krähen, Schimpansen, Kapuzineraffen und Otter als Jungtiere mit sehr vielen Gegenständen hantieren, dazu zählen Stöcke und Steine. Diese Erfahrungen im spielerischen Kontext sind ebenso gut Erfahrungen, die sie später auf andere Bereiche und zu anderen Zwecken ausweiten können, wie zum Beispiel einen Stock ergreifen, um an Nahrungsmittel heranzukommen, einen Stein gegen eine Nuss schlagen, um sie zu öffnen, oder eine Muschel gegen einen Stein.

Diese Fähigkeiten zu Neuerungen sind von sehr vielen komplexen Phänomenen umgeben, und bei so zahlreichen Arten der Neuerungen stellt sich doch eine faszinierende Frage: Wie

## Innovation, soziale und kulturelle Intelligenz

kann das Individuum, das etwas Neues schafft, diese Neuerung an andere Individuen weitergeben? Und noch faszinierender: Gibt es sie an die ganze Gruppe, an andere Gruppen oder gar an nachfolgende Generationen weiter? Hinter diesen Fragen verbergen sich sehr komplexe Neuerungskonzepte im engeren Sinn – und nicht nur hinsichtlich des Erschaffens, der Erneuerung, sondern auch im Hinblick auf die Tradition, um nicht zu sagen die Kultur, Bezeichnungen, die noch viel zu sehr der menschlichen Gattung vorbehalten sind.

## Du kannst Neuerungen durchführen? Dann gib sie doch auch weiter!

Für sehr viele Wissenschaftler gibt es Schlüsselparameter für die menschliche Intelligenz: Die Neuerung, von der wir eben sprachen, und die kulturelle Weitergabe, das heißt das Verbreiten dieser Neuerungen über Zeit und Raum hinweg, sind zwei davon. Sind manche Individuen, manche Gruppen, manche Arten in der Lage, ihre Neuerungen im Umfeld und/oder an zukünftige Generationen weiterzugeben? Glaubt man den Arbeiten über die kulturelle Wahrnehmung und die kulturelle Intelligenz, insbesondere bei Primaten, einigen Meeressäugetieren und Vögeln, dann lautet die Antwort ja. Das Problem ist allerdings sehr viel komplexer, denn es gibt viele tierische Arten, die Neuerungen einführen, bei denen aber nur wenige Neuerungen weitergegeben werden, sodass sie keine kulturelle Tradition bilden können. Gibt es also so etwas wie die tierische Kultur, und wenn ja, in welchem Moment manifestiert sie sich?

Um das Konzept der Kultur wirklich zu verstehen, muss man eine grundlegende Frage beantworten: Warum werden manche individuellen Neuerungen weitergegeben und bilden sich zu etwas Kulturellem heraus, wohingegen andere spätestens mit dem Tod des Erfinders verschwinden? Um sich hier einen besseren Überblick zu verschaffen, nehmen wir uns ein paar seit Langem bekannte Beispiele vor. Wir befinden uns zu Beginn des 20. Jahrhunderts in der Nähe von Southampton in England. Jeden Morgen werden Milchflaschen vor jeder Tür abgestellt. Da diese Flaschen nicht verschlossen waren, konnten Vögel, wie Meisen, Kohlmeisen und Rotkehlchen, vom Rahm der Milch naschen, der sich oben absetzte. Ab 1921 versiegelt die Milchindustrie ihre Milchflaschen mit einem festen Aluminiumdeckel. Innerhalb weniger Jahre lernen die Meisen von England, diese mit gezielten Schnabelhieben zu durchstoßen, um sich weiterhin am Rahm gütlich zu tun, der inzwischen Teil ihrer Ernährung ist. Unter den Rotkehlchen gelingt das allerdings nur einigen. Außerdem lernen die Meisen dank verschiedenfarbiger Deckel, zwischen Vollmilch und entrahmter Milch zu unterscheiden – und sie wissen, was gut ist. Was dann kommt, ist noch viel beeindruckender. Ab 1949 werden Meisen beim Öffnen von Deckeln in manchen Städten von England, Irland und Wales beobachtet: Das Verhalten war weitergegeben worden.[14] Diese Entdeckung erstreckt sich jedoch nicht auf die Rotkehlchen. Wie lässt sich erklären, dass dieses Verhalten bei den Meisen weitergegeben wurde, nicht aber bei den Rotkehlchen? Während die Meisen in Kolonien leben und ihren Lebensraum sehr erforschen, sind Rotkehlchen Einzelgänger und standorttreu. Das lässt vermuten, dass das Leben in einer Gruppe hier das Weitergeben von Informationen vereinfacht hat.

Ein weiterer Fall unter vielen anderen ist hier sehr eindrucksvoll. Wir sind im Jahr 1953 auf der japanischen Insel Kōjima. Wissenschaftler beobachten Makaken, und um sie an ihre Gegenwart zu gewöhnen, verteilen sie Süßkartoffeln in ihrem Gebiet. Eines Tages trägt Imo, ein 18 Monate altes Makakenweibchen, ihre dreckige Süßkartoffel zum Fluss, wo sie sie abwäscht, bevor sie sie verspeist. Schon bald wäscht sie alle Süßkartoffeln ab, bevor sie sie isst. Bislang hatte kein Primatologe einen Makaken beobachtet, der seine Nahrung abwäscht, das ist also durchaus ein neues Verhalten, eine Neuerung. Noch dazu ist sie sehr nützlich, denn jetzt knirscht der Sand, der an den Süßkartoffeln klebt, nicht mehr zwischen den Zähnen. Die Geschichte endet aber nicht hier. Imos Entdeckung wird zu einer regelrechten Neuerung, die in der ganzen Gruppe die Runde macht. Innerhalb weniger Monate waschen auch Imos Brüder und Schwestern ihre Süßkartoffeln ab. Diese Gewohnheit geht zudem auf die Spielkameraden über, dann machen das alle jungen Makaken, dann die älteren Weibchen und schließlich auch die dominierenden Männchen. Die Gruppe zählte damals etwa 60 Tiere. Innerhalb von neun Jahren waschen drei Viertel der Makaken auf der Insel ihre Süßkartoffeln, bevor sie sie verspeisen. 50 Jahre nach dem Tod von Imo und der ersten Generation von Süßkartoffelwäschern waschen die Makaken ihre Süßkartoffeln noch immer, indem sie sie ins Wasser tauchen und abreiben. Besser noch: Sie waschen ihre Süßkartoffeln inzwischen im Meer, vermutlich für den salzigen, verbesserten Geschmack, den sie so bekommen. Und noch immer ist das nicht das Ende der Geschichte. Drei Jahre, nachdem Imo damit angefangen hatte, ihre Süßkartoffeln zu waschen, hat sie eine zweite Neuerung eingeführt. Denn um die Makaken an ihre Gegenwart zu gewöhnen, hatten die Wissenschaftler sie auch mit Weizen versorgt, den sie ebenfalls auf dem Boden auslegten. Imo ist zu diesem Zeitpunkt vier Jahre alt und wirft mehrere Handvoll Weizen ins Meer. Der Weizen schwimmt, der Sand geht unter. Genau wie beim Waschen der Süßkartoffeln verbreitet sich auch das Waschen von sandigem Weizen innerhalb der Gruppe: Nach sechs Jahren waschen 19 Individuen den Weizen.[15] Diese Beispiele sind deshalb so interessant, weil sie ganz offensichtlich zu einem veränderten Verhalten im Lebensstil der Makaken geführt haben. Die Jungen zum Beispiel, die sich daran gewöhnt haben, mit Wasser zu spielen, weil sie so häufig hineingefallen sind, während ihre Mütter die Süßkartoffeln wuschen. Inzwischen schwimmt, hüpft und taucht die ganze Gruppe im Wasser! Ganz bestimmt gehört zu dieser Neuerung auch eine neue Gewohnheit der Gruppe: Bei Nahrungsmittelknappheit fressen sie inzwischen auch Fisch. Neue Verhaltensweisen haben also zu einer

Anhäufung von Verhaltensvariationen geführt, die in der Gemeinschaft weitergegeben werden.

## Je mehr, desto intelligenter!

Es gibt zahlreiche intelligente Arten. Zu ihnen zählen auch solche, die als Einzelgänger unterwegs sind. Das Erlernen bei Tintenfischen ist zum Beispiel eine Aktivität, die ganz allein durchgeführt wird. Die kleinen Tintenfische haben ab der Geburt keinen Kontakt zu ihren Eltern, und doch gelingt es ihnen, Nahrung zu finden und Raubfischen aus dem Weg zu gehen. Manche Wissenschaftler glauben, der Tintenfisch lernt schon im embryonalen Zustand, indem er seine Umgebung durch das Ei beobachtet.[15] Dennoch geht man davon aus, dass soziale Kontakte im Allgemeinen das Erlernen und Weitergeben von Neuerungen erleichtern. Kontakte sollen gewissermaßen den Zugang zu intelligentem Verhalten erleichtern. Hierbei spricht man von sozialem Lernen. Einer der möglichen Vorteile vom Leben in einer Gruppe bestünde also in der Fähigkeit, durch das soziale Lernen Informationen über die Umgebung zu erhalten – ein Lernen also, das geprägt ist von der Beobachtung oder der Interaktion mit einem anderen Individuum oder der Interaktion mit dem Ergebnis seines Verhaltens (zum Beispiel einem Werkzeug).[17] So könnte ein Individuum von einem anderen durch Beobachten lernen, dass sich eine Nuss öffnen lässt, indem man einen passenden Rohstoff (Stein) an einem bestimmten Ort seines Gebietes dafür auswählt. Dementsprechend wären Tiere, die in sozialen Gruppen leben, hier begünstigt. Ein Individuum kann während seiner Entwicklung (seines Wachstums) durch den Kontakt zu anderen Individuen, die zu seiner Familie gehören oder nicht, zahlreiche Kompetenzen erlangen, die es allein niemals erlangt hätte.[18] Genau wie die Intelligenz ist auch das soziale Lernen weit verbreitet in der Tierwelt.[19] Man kann das in den verschiedensten Kontexten beobachten, wie dem Vermeiden von Raubtieren, der Wahl des Partners oder auch der Suche und dem Erlangen von Nahrung (wann, wo, was, wie muss man essen). Um ein etwas anderes Beispiel zu den vorangegangenen zu nennen, könnte man auch die afrikanischen Kaffernbüffel anführen, die Entscheidungen über den Ort, an dem sie Nahrung suchen und den sie erforschen wollen, gemeinsam fällen.[20] Gemeinsame Entscheidungen sind auch bei den Mantelpavianen beobachtet worden.[21] Auffällig ist bei der Erforschung von Handhabung und Gebrauch von Werkzeugen bei Tieren, dass junge Individuen die Erwachsenen unglaublich oft beobachten, wie sie damit umgehen. Diese Phänomene wurden bei Schimpansen und Kapuzineraffen erforscht, die Nüsse mithilfe von Steinwerkzeug aufbrechen. Schimpansen sind vermutlich die Tiere, deren Verhalten am meisten durch soziales Lernen geprägt ist, wozu auch der Gebrauch von Werkzeug, das Entlausen oder aber das Verführen gehören. Orang-Utans zeichnen sich ebenfalls durch das soziale Lernen aus, insbesondere beim Erlangen von Nahrung und dem Gebrauch von Werkzeugen.

Allerdings ist nicht nur der Werkzeuggebrauch bei Menschenaffen mit dem sozialen Lernen verbunden. Auch die Handhabung von Gegenständen ist bei diesem Prozess involviert. Wollen Kapuzineraffen Kokosnüsse aufbekommen, holen sie Schwung und schlagen sie mit ganzem Körpereinsatz auf den Boden.[22] Ich erinnere mich noch gut an diese Dutzende, um nicht zu sagen Hunderte Male, in denen junge Individuen sich vor das erwachsene Weibchen setzten, um besser zu beobachten, wie es die Nuss aufbricht. Noch interessanter ist allerdings, dass die jungen Affen ihre Bewegungen ohne Nuss nachahmten. Stellen Sie sich das vor: Ein Kapuzineraffenweibchen nimmt seinen ganzen Körper zu Hilfe, um die Kokosnuss aufzubrechen, indem es in die Knie geht und mit den Armen Schwung holt. Vor ihm sitzen zwei junge Weibchen, die dieselben Bewegungen mit den Armen und Unterarmen nachahmen, allerdings ohne Kokosnuss in der Hand. Und obwohl das Phänomen des sozialen Lernens sehr erforscht ist und den Prozess der Beobachtung und der Nachahmung der Individuen untereinander in den Vordergrund rückt, sind die dahinterliegenden Abläufe und ihr Einfluss auf die Evolution der Intelligenz doch sehr komplex und noch immer nicht aufgeklärt.

Bei den Fischen, den Säugetieren und den Vögeln zählt man die Beispiele des sozialen Erlernens gar nicht mehr. Durch die paar Beispiele, die weiter oben aufgeführt sind, wird deutlich, wie wichtig das Leben in der Gruppe hinsichtlich Neuerungen und Intelligenz ist. Bei manchen Arten spricht man sogar häufig von kollektiver Intelligenz. Die kollektive Intelligenz beschreibt eine Gruppe von Individuen, die zusammen als eine kognitive Einheit agieren, als eine intelligente Einheit. Am beispielhaftesten wird das durch einen Bienenschwarm illustriert, bei dem die Bienen zusammenwirken, um Entscheidungen zu treffen, ein Nest mit komplexen Strukturen zu bauen, sich die Arbeit dabei aufteilen und eine ganze Reihe von Problemen lösen. Eines der Merkmale von kollektiver Intelligenz ist die Koordination ohne zentrale Kontrolle. Es gibt nicht ein Gehirn für alle: Die Intelligenz gehört nicht einem Führer, der das ganze Wissen, alle Informationen innehat. Im Gegenteil, die Intelligenz wird auf eine ganze Gruppe übertragen, und die kollektiven Verhaltensweisen tauchen aus den Interaktionen auf, die zwischen vielen Individuen existieren, jeder führt die entsprechenden Entscheidungen aus.[23]

Diese kollektive Intelligenz trifft man bei sehr vielen Arten an, von Bakterien über Vögel bis hin zu Insekten und Fischen. Ein erstes anschauliches Beispiel von kollektiver Intelligenz handelt von den Ameisen, deren Fähigkeiten für das Lernen im Übrigen sehr hoch sind.[24] Bis Mitte der Achtzigerjahre hat man über einen sehr langen Zeitraum die Gesellschaft der Ameisen als menschliche Gesellschaft in maßstabsgetreuem Modell erachtet. Man dachte, die komplexen kollektiven Verhaltensweisen, die von den Ameisen ausgeübt werden, seien die Früchte der Fähigkeiten der Individuen, Informationen zu zentralisieren und zu verarbeiten und dann die entsprechenden Maßnahmen zu ergreifen, um die aufgetretenen Probleme zu lösen. In dieser Hypothese spielte die Königin eine wichtige Rolle,

## Innovation, soziale und kulturelle Intelligenz

weil man ihr die Fähigkeit zuschrieb, eine Kolonie zu organisieren, indem sie die Informationen bündelt und die Aktivitäten der Arbeiterinnen lenkt. Zu dieser Zeit wurde eine Ameisenkolonie als eine hierarchische Organisation erachtet, die sehr zentralisiert war. Die Studien der letzten Jahre ergeben ein ganz anderes Bild ihres Organisationsmodus. Schluss mit dem Mythos um die Königin der kleinen Ameisen, die die Informationen über den Zustand der Kolonie sammelt und Aufgaben verteilt. Jede Ameise hat tatsächlich nur sehr begrenzten Zugang zu Informationen in ihrer Umgebung und scheint kein allgemeines Wissen darüber zu besitzen, was sie da mit ihren Artgenossen realisiert. Jede einzelne vollbringt einfache und wenig abwechslungsreiche Aufgaben. Im Gegenzug errichten Ameisengesellschaften sehr komplexe Netze für Interaktionen, die es den Individuen erlauben, Informationen auszutauschen und ihre Arbeiten zu koordinieren. Doch wie gehen die Ameisen vor, um die Koordination ihrer Aufgaben zu bewerkstelligen? Tja, wie viele Insekten hinterlassen sie Spuren auf dem Boden, wenn sie sich bewegen. Diese Spuren sind ebenso sehr chemische Spuren wie Hinweise, die den jeweiligen Arbeiten entspringen, und bilden Quellen der Stimulation, die ein spezifisches Verhalten bei anderen Individuen der Kolonie auslösen. Dann wird dieses Verhalten neues Verhalten auslösen und so weiter, bis das Ganze zu einem koordinierten Vorgehen führt. So funktioniert zum Beispiel die Beschaffung von Nahrungsmitteln: Wenn eine Ameise eine Nahrungsquelle entdeckt, informiert sie ihre Artgenossen, indem sie ihre Pheromone (chemische Substanzen, vergleichbar mit Hormonen) auf dem Weg hinterlässt, der von der Nahrungsquelle zum Nest führt. Diese Strecke leitet die anderen Ameisen zur Nahrungsquelle. Daraufhin findet eine Art Kettenreaktion statt, denn je mehr Ameisen diese Strecke nehmen, umso stärker wird die Markierung und umso mehr Ameisen werden davon angelockt. Versiegt die Nahrungsquelle, verschwindet diese Spur nach und nach. Dieser Prozess des Hin-und-Hergehens, Feedback genannt, existiert bei den sozialen Insekten und erlaubt es ihnen, sich selbst zu organisieren und ihre kollektive Intelligenz zu entwickeln. Er erlaubt ihnen ebenfalls, kollektive Entscheidungen zu treffen, zu bauen und sehr komplexe Strukturen, wie zum Beispiel ihre Nester, zu verändern, sich Aufgaben aufzuteilen und ihre Arbeit zu organisieren, Nahrungsquellen zu suchen und dabei die rentabelste von einem breiten Angebot auszuwählen, gemeinsam den kürzesten Weg zwischen dem Nest und der Nahrungsquelle zu entdecken etc.[25] Wie finden die Ameisen diese Abkürzungen? Diejenigen, die den kürzeren Weg wählen, sind schneller am Nest als diejenigen, die den längeren wählen. So wird die kürzere Strecke häufiger ausgewählt. Bei all diesen Verhaltensweisen ist es, als wären diese Tausenden von Individuen nur ein einziges. Die Ameisen illustrieren perfekt den kollektiven und täglichen Entschluss, Probleme anzugehen. Sie passen sich im Übrigen optimal und sehr schnell an Veränderungen in ihrem Lebensumfeld an. Und Studien, die demnächst veröffentlicht werden, zeigen ganz eindeutig, dass sie durchaus in der Lage sind, kollektiv zu

Nahrung zu gelangen, indem sie Werkzeuge benutzen; außerdem bilden sie erstaunliche räumliche Anordnungen.[26] So viele kollektive Meisterleistungen für so kleine Tierchen, deren Gehirn nicht sehr leistungsfähig ist und nur etwa 100.000 Neuronen enthält – das kann einem doch nur Bewunderung und Bescheidenheit einflößen.

Doch die kollektive Intelligenz beschränkt sich nicht allein auf Ameisen oder Insekten. Eines der spektakulärsten Beispiele kollektiver Intelligenz zeigt sich in den akrobatischen Bewegungen von Fisch- und Vogelschwärmen, in denen Tausende von Individuen gleichzeitig Wendungen und unglaublich schnelle Richtungswechsel vollführen. Es ist sehr wahrscheinlich, dass diese kollektiven Strukturen, die die Tiere formen und die Sie bestimmt schon zumindest bei Vögeln gesehen haben, zu einer effizienten Futtersuche beitragen, aber auch dazu, Fressfeinden aus dem Weg zu gehen. Diese Zusammenschlüsse, die während ihrer Fortbewegung die Kohäsion der Gruppe, diesen Anschein von Masse, bewahren, können offensichtlich einen Fressfeind entmutigen und ihnen selbst das Erbeuten von Nahrung erleichtern. Aber wie schaffen es die Individuen, sich untereinander zu koordinieren, wie wählen sie Richtung und Geschwindigkeit aus? Tatsächlich wählt jedes Individuum seine Richtung und seine Geschwindigkeit aufgrund von zwei Informationsquellen selbst aus. Die erste ist das Ziel eines jeden Individuums, vermutlich angeleitet durch die direkte Kenntnis, wo sich die Nahrungsquelle, der Fressfeind oder das Ziel der Migration befindet. Die zweite ist die

Position und das Ziel seiner Nachbarn im Inneren der Gruppe. Doch wie werden die Informationen koordiniert? Diese Kohäsion scheint durch eine Strategie der Anziehung der Mitglieder, die sich am äußersten Rand der Gruppe befinden, aufrechterhalten zu werden, wohingegen Zusammenstöße so vermieden werden, dass sich Artgenossen, die sich einander zu stark nähern, wieder voneinander entfernen. Die Koordination, die Fortbewegung in dieselbe Richtung und die Richtungswechsel werden durch eine Ausrichtung der Individuen untereinander in einem gegebenen Radius gewährleistet. Das Verhalten von Nachahmung, das man bei diesen Phänomenen antrifft, spielt dieselbe Rolle wie die Spuren, die Ameisen auf dem Boden hinterlassen, wenn sie Nahrung beschaffen. Vermutlich sind es ähnliche Verhaltensweisen, die erklären, wie eine Gruppe ihren Weg zu einer Nahrungsquelle finden kann, die nur ein paar Mitgliedern der Gruppe bekannt ist. Ein Bienenschwarm fliegt so, ohne sich zu irren, zu seinem neuen Nest, selbst wenn nur fünf Prozent seiner mehreren Tausend Mitglieder den Zielort kennen. Die Späherinnen scheinen die unwissende Mehrheit der Arbeiterinnen zu leiten, indem sie mit hoher Geschwindigkeit durch den Bienenschwarm fliegen, und das immer in der Richtung, in der der Zielort liegt. Diese Führung scheint auch dann zu funktionieren, wenn die informierten Mitglieder in derselben Geschwindigkeit wie die anderen fliegen.

Alle diese Beispiele der kollektiven Intelligenz sind eine Art Inspiration für die Ingenieurs- und Informatikwissenschaften. Verwandelt man die Verhaltensweisen von Ameisen in ein

## Innovation, soziale und kulturelle Intelligenz

Modell aus Algorithmen, könnte es helfen, komplexe Probleme der Optimierung zu knacken, wenn die Gesamtzahl der möglichen Lösungen zu hoch ist, um alle auszuprobieren. Es existiert sogar eine kollektive Intelligenz bei Robotern, die unzugängliche oder gefährliche Orte inspizieren.

So viele Beispiele von unterschiedlichen Arten, für die die sozialen Kontakte sehr wichtig sind! Aber Vorsicht, wir dürfen darüber niemals vergessen, dass auch Einzelgänger wie zum Beispiel die Tintenfische durchaus intelligent sein können. Nichtsdestotrotz ist die Fähigkeit, in Gesellschaften zu lernen, eine Grundvoraussetzung für die kulturelle Übermittlung und für die Entwicklung von Traditionen beim Menschen wie bei anderen Tieren.

### Sei intelligent, um kultiviert zu sein, oder sei kultiviert, um intelligent zu sein?

Die Intelligenz, wie auch immer man sie definiert (Adaptation an eine Situation, Fähigkeit, auf komplexe Situationen zu reagieren, zu lernen oder Neuerungen durchzuführen), ist ein regelrechtes Puzzle auf dem evolutionären Plan. Was davon ist möglicherweise vererbbar? Eine denkbare Antwort: die Fähigkeit, sich Lösungen zu überlegen. Was zum Überleben beiträgt, ist nicht die Fähigkeit zu lernen als solche, es sind vielmehr die innovativen Lösungen, das heißt die erlernten Techniken. Dennoch können diese Innovationen auf wichtige Weise zum

Überleben beitragen, ohne dass sie deswegen vererbbar sein müssen, schließlich hängt ihr Erlangen und ihre Weitergabe von mehreren Faktoren ab, wie den zahlreichen wechselnden Bedingungen der Umwelt oder auch dem Zufall. Die Auswahl von intelligenten Arten ist folglich schwer. Und doch kann man schon überschlagen, dass sehr viele Arten dazuzuzählen wären. Warum? Weil das soziale Lernen, wie wir gesehen haben, die Erfindungen an den Nachwuchs oder andere Familienmitglieder vererbbar macht. Ein Individuum kann alle möglichen Techniken erlernen und durch den Kontakt mit anderen Mitgliedern intelligent werden. Die Auswahl von intelligenten Arten kann die Lernfähigkeit eines Individuums in den Blick nehmen, vor allem aber das soziale Erlernen, durch das sich die Intelligenz steigert – und das noch dazu über mehrere Generationen hinweg. In anderen Worten, das soziale Leben kann die Streuung einer Erfindung erlauben, die die Gruppe oder die Population und die Art intelligenter macht. Und wenn diese Erfindung von einer Generation zur nächsten weitergegeben wird, dann wird sie als kulturelles Merkmal besagter Art erachtet. Die Intelligenz eines Individuums kann also zur Intelligenz einer Gruppe und dann zu der einer oder mehrerer Generationen führen. Somit würde die Intelligenz in diesem Fall Zugang zur Kultur verschaffen, das heißt zum Weiterreichen der betreffenden Innovation über mehrere Generationen hinweg. Aber Vorsicht, solche Erfindungen und die übermittelten Techniken können sich innerhalb einer Art voneinander unterscheiden.

## Innovation, soziale und kulturelle Intelligenz

Es existieren zum Beispiel Unterschiede beim Verhalten zwischen den Gemeinschaften von Schimpansen, einer Art, bei der man annimmt, dass es etwa 40 sozial erlernte Verhaltensformen gibt, darunter den Gebrauch von Werkzeugen, das Entlausen oder auch die Verführungstechnik. Sehen wir uns ein Beispiel an, das die Wissenschaftler seit Jahrzehnten fasziniert: das Werkzeug. Manche Gemeinschaften von Schimpansen benutzen Werkzeuge, andere wiederum nicht, obwohl ihnen dieselben Materialien zur Verfügung stehen. Gleichermaßen verwenden manche Gruppen zum Nüsseknacken Werkzeuge aus Holz und andere aus Stein. Zusammen mit meiner Kollegin Shelly Masi, Primatologin am Naturkundemuseum und Spezialistin für freilebende Gorillas, vergleichen wir Techniken der Manipulation bei Gorillagruppen, die keinen Kontakt zueinander haben, die aber dieselbe Nahrung zu sich nehmen, um herauszufinden, ob sie unterschiedliche Strategien entwickeln. Und genau das scheint der Fall zu sein. Andere Beispiele, die ganz ähnlich sind, finden sich bei zahlreichen, ganz unterschiedlichen Tieren, wie Primaten, Vögeln, Fischen oder auch Meeressäugetieren und Kopffüßern.[27] Kulturelle Phänomene scheinen demnach zu existieren, und dann sogar in vielfältigen Bereichen: bei den Techniken der Versorgung oder auch der Kommunikation, in den Prozessen der Imitation und sogar im Unterweisen des Nachwuchses durch die Mütter.[28] Wie kommt es zu solchen Unterschieden im Verhalten bei Gruppen ein und derselben Art im selben Kontext? Das ist ein Rätsel. Es sei denn, es gibt tierische Kulturen wirklich, und das versuchen zahlreiche Studien bei unterschiedlichen Arten zu zeigen, darunter seit Neuestem auch bei den Gorillas.[29] Diese tierischen Kulturen wären also ein Ergebnis ihrer Intelligenz.

Man kann die Dinge aber auch in einem anderen Licht betrachten. Die Kultur könnte während des Aufwachsens Einfluss auf die Entwicklung der Intelligenz haben. Diese Vorstellung, die man »kulturelle Intelligenzhypothese« nennt, legt auch nahe, dass die Kultur die Evolution der Intelligenz beeinflussen kann.[30] Sehen wir uns Beispiele an. Zunächst einmal setzen Tiere, die zum sozialen Lernen fähig sind, diese Fähigkeit ein, um Kompetenzen zu erlangen, und nicht etwa das individuelle Erforschen. So zeigt der Nachwuchs bei mehreren Arten von Primaten wenig unabhängiges exploratives Verhalten und zieht es vor, mögliche Nahrungsmittel erst dann zu untersuchen, nachdem ihre Mutter sie gekostet hat. Bei den Orang-Utans ist die Ernährung des Nachwuchses genau dieselbe wie die der jeweiligen Mutter, die sich wiederum alle unterschiedlich ernähren.[31] Beim Fingertier oder Aye-Aye (ein Lemure, *Daubentonia madagascariensis)* vermeidet der Nachwuchs jede neue Nahrung, solange die Mutter oder andere Artgenossen diese nicht probiert haben.[32] Ein solches Verhalten findet man auch bei jungen Ratten.[33]

Es gibt aber noch weitere Beispiele. Junge Schimpansen, die ohne erwachsenes Vorbild aufwuchsen, zeigen bei sehr vielen Techniken verminderte Kompetenzen. Dementsprechend sind sie weniger erfolgreich beim Bau eines Nests und beim

## Innovation, soziale und kulturelle Intelligenz

Gebrauch von Werkzeug, oder sie entwickeln diese Verhaltensformen gar nicht erst.[34] Junge Tiere, die im Gegensatz dazu in Gegenwart von Vorbildern aufwachsen, erlangen diese Techniken – manchmal sogar außerhalb ihres üblichen Verhaltens. Das trifft auf junge Tiere zu, die von Menschen großgezogen wurden und so durch ein Phänomen der Akkulturation eine schnellere Entwicklung in Verhalten und Motorik durchlaufen sowie mehr Techniken erlernen, wie die Manipulation und den Gebrauch von Werkzeugen, oder auch ein stärkeres Interesse für Gegenstände aufbringen.[35] Individuen, denen sich mehr Gelegenheiten zum sozialen Lernen bieten, erlangen also ganz automatisch mehr Techniken. Das soziale Lernen hat Auswirkungen auf die Evolution, da Anzahl und Komplexität der dadurch erlangten Techniken das Überleben von Linien begünstigen, die von mehr Gelegenheiten zum sozialen Erlernen profitieren. Einfach und leicht überzogen ausgedrückt: Wenn Sie ein Orang-Utan wären und nicht wüssten, mit welcher Technik man die Körner aus der Neesia-Frucht bekommt, die das Überleben verbessert, weil sie der Ernährung energetische Vorteile verschafft, dann würden sie deutlich weniger gut leben oder vor Hunger sterben.[36] Ja, aber führt jetzt die Intelligenz zur Kultur, oder ist es die Kultur, die zur Intelligenz führt? Vermutlich trifft beides zu. Wissenschaftler spielen sich gegenseitig die Verantwortung der Beweisbringung zu, aber letztlich ist das Interessante daran die Feststellung, dass sehr viele Arten Erneuerungen durchführen, lernen, Wissen weitergeben – innerhalb der Gruppe, von Generation zu Generation – und dass dieses Wissen ihnen hilft, ihren Alltag oder gar ihr Überleben zu verbessen. Und wenn es ums Überleben geht, dann erfordert das, wieder einmal, die Intelligenz, allerdings auf so vielschichtige Weise, dass wir uns diesem Komplex vorerst nur weiter annähern können.

**KAPITEL 7**

# Kooperation, Altruismus oder Empathie?

## Die Intelligenz des Herzens

F. M. »Das ist fast schon eine Frage der Intelligenz, aber es ist auch eine Herzensangelegenheit« [hinsichtlich einer gerechten Verteilung von Wohlstand].

V. G. E. »Zunächst einmal finde ich es überaus schockierend und verletzend, dass Sie sich anmaßen, das Monopol des Herzens zu haben. Denn Sie, Monsieur Mitterrand, haben ganz bestimmt nicht das Monopol des Herzens! Das haben Sie nicht ... Ich habe ein Herz genau wie Ihres, es schlägt in seinem Rhythmus und gehört zu mir. Sie haben nicht das Monopol des Herzens.«

## Sie haben nicht das Monopol des Herzens ...

Dieser Austausch zwischen François Mitterrand und Valéry Giscard d'Estaing findet am 10. Mai 1974 während einer

Fernsehdebatte zwischen der ersten und zweiten Wahlrunde zur französischen Präsidentschaftswahl statt. Er lässt sich direkt auf das Thema übertragen, das uns in diesem Buch so wichtig ist. Die Intelligenz des Herzens, das ist die Fähigkeit zur Kooperation oder aber das Einfühlungsvermögen, zu lieben oder zu helfen, selbst wenn man keinen persönlichen Vorteil davon hat. Gewissermaßen einfach selbstlos zu helfen oder zu lieben. Kann sich ein Individuum das Monopol des Herzens nicht kurzerhand selbst zuerkennen, so könnte das auch keine Art, in diesem Fall die Art Mensch. In anderen Worten: Ist die Intelligenz des Herzens wirklich ein Privileg des Menschen?

## Kooperiere und werde intelligent oder sei intelligent und kooperiere?

Im vorangegangenen Kapitel haben wir gesehen, dass die sozialen Interaktionen zwischen Individuen für einen Selektionsdruck sorgen können, der einen Einfluss auf die Evolution der fortgeschrittenen intellektuellen Fähigkeiten hatte. Die Hypothese der sozialen Intelligenz wird häufig angebracht, um das beobachtete hohe Intelligenzniveau bei Menschen, anderen Primaten, Walen oder auch bei Vögeln zu erklären. Ein Faktor spielt hierbei jedoch eine ganz besondere Rolle: die Kooperation. Die Kooperation ist das gemeinsame Handeln für den allgemeinen Nutzen, die gegenseitige Hilfe zwischen mehreren Individuen. Sie impliziert Beziehungen, Austausch und häufig eine Analyse der Situation. Kooperation existiert in unterschiedlichen Formen und in verschiedenen Bereichen der biologischen Organisation. Gene kooperieren in den Genomen (dem genetischen Material eines Individuums oder einer Art, das in der DNA kodiert ist). Chromosomen kooperieren in eukaryotischen Zellen (Organismen mit einem Kern und Mitochondrien). Zellen kooperieren in vielzelligen Organismen, lassen unseren Organismus funktionieren. Auch im Tierreich existieren zahlreiche Beispiele für Kooperation. Es sieht also ganz danach aus, als würde sich ein kooperatives Verhalten nicht allein auf den Menschen beschränken, sondern vielmehr eine wichtige Rolle in der Evolution der Intelligenz und vermutlich auch der Sprache spielen.[1] Die Koordination von Partnern, während sie miteinander kooperieren, kann hohe kognitive Fähigkeiten voraussetzen. Tatsächlich muss man dafür manchmal Entscheidungen für sich, aber auch für andere treffen, und diese Entscheidungen müssen mit denen, die andere Individuen treffen, konform gehen. Folglich muss man verstehen und sich untereinander verstehen, sich manchmal erinnern und kommunizieren. Wenn ein Schimpanse etwa Fleisch gegen eine Entlausungssession eintauschen will, dann muss er verstanden haben oder sich erinnern, dass sein Artgenosse, den er dafür im Auge hat, interessiert sein oder aber überredet werden könnte. Die Notwendigkeit und die Lust zu kooperieren haben so vielleicht zu einer Selektion von Individuen geführt, die über die entsprechenden Fähigkeiten verfügen, also hoch entwickelt sind. Doch erst einmal muss die Kooperation natürlich existieren, sie muss also auftauchen und im weiteren Verlauf der Evolution unterhalten werden. Und dafür muss sie ihren Akteuren wichtige Nutzen bringen.

Es gibt unglaublich viele Beispiele der Kooperation im Tierreich, aber auch in der Welt der Pflanzen, wie manche Pflanzen beweisen, die einander durch chemische Botschaften vor dem Angriff eines Pflanzenfressers warnen. Sehr viele Tiere kooperieren im Kontext der Nahrungssuche, aber auch, um einen Partner anzulocken, einen Fressfeind zu meiden, ihr Revier zu verteidigen und sogar, wenn es um die elterliche Fürsorge geht.[2] Im Kontext von Experimenten wurden die Kooperationsfähigkeiten aufgezeigt, unter anderem bei Primaten, Fleischfressern, Walen, Elefanten und Rabenvögeln.[3] Bei den Primaten haben die Experimente, die bei Tamarinen durchgeführt wurden, gezeigt, dass sie ein Werkzeug eingesetzt haben, um einem nicht verwandten Empfänger Nahrung zu geben, ohne im Gegenzug selbst Nahrung dafür zu erhalten.[4] Tamarine beweisen also, dass sie kooperieren können, um nicht zu sagen, dass manche selbstlos handeln, schließlich hat der Empfänger einen Vorteil, und derjenige, der das Werkzeug benutzt, erleidet einen Nachteil. Dieses Kooperationsverhalten findet man auch bei den Hähern. Stellen Sie sich zwei Häher vor, die auf Tasten drücken müssen, um eine Belohnung zu erhalten, und ihre Belohnung ändert sich, je nachdem, ob sie miteinander kooperieren oder nicht. Ihnen stellen sich also folgende Wahlmöglichkeiten: 1. Wenn sie kooperieren, erhalten beide eine bescheidene Belohnung. 2. Wenn sie eine individuelle Wahl treffen, erhalten

## Die Intelligenz des Herzens

beide eine winzige Belohnung. 3. Wenn einer der beiden kooperiert und der andere nicht, erhält der, der nicht kooperiert, die größere Belohnung und derjenige, der kooperiert, die kleinere. Fazit: Wenn beide kooperieren, ist das die bestmögliche Wahl. Und was tun die Häher? Sie kooperieren.[5]

Auch im natürlichen Umfeld kann man von zahlreichen Beispielen der Kooperation berichten.[6] Das synchronisierte Brüllen zur Gebietsmarkierung bei den männlichen Löwen soll mögliche Eindringlinge entmutigen, und alle Individuen der Gruppe profitieren davon. Der territoriale Gesang von Elsterdrosslingen *(Turdoides bicolor)* und vielen anderen in Gesellschaften lebenden Vögeln dienen dazu, Reviere abzugrenzen und Eindringlinge abzuschrecken. Die Kooperation bei Erdmännchen, die sich beim Überwachen ihres Gebiets und dem Aufspüren von möglichen Fressfeinden abwechseln, ist ebenfalls ziemlich beeindruckend. Afrikanische Wildhunde schließen sich zum Jagen zusammen, und die Erfolgswahrscheinlichkeit dieser Jagd nimmt zu, je größer die Gruppe ist. Auch Löwinnen jagen in Gruppen, um sich so eine größere Beute vornehmen zu können, als wenn sie allein jagen würden. Eines der am weitesten verbreiteten selbstlosen Verhaltensweisen bei Tieren ist das Entlausen, das demjenigen, der entlaust wird, sofortige Vorteile einbringt, weil Parasiten entfernt werden[7] und somit Spannungen und Ängste abgebaut werden.[8] Im Gegenzug beinhaltet dieses Verhalten einen Aufwand für denjenigen, der entlaust und somit nicht an anderen Aktivitäten teilnehmen kann. Auch vermindert sich seine Wachsamkeit für mögliche Fressfeinde oder

## Kooperation, Altruismus oder Empathie?

andere Individuen der Gruppe.[9] Das Entlausen ist also vermutlich das häufigste selbstlose Verhalten bei den Primaten und vielleicht sogar bei anderen Säugetieren[10] und Vögeln.[11] Konnte sich ein Individuum bei den Vampirfledermäusen keine Nahrung beschaffen, dann würgt ein Partner einen Teil seines Futters wieder heraus, um es zu ernähren. Kooperation existiert auch bei Insekten, die im Verbund leben, insbesondere bei den Asiatischen Weberameisen *(Oecophylla smaragdina)*, die kooperieren, um ihr Nest zu bauen.[12] Manche von ihnen schieben die Ränder von zwei Blättern aneinander, während andere sie »zusammennähen«, wobei sie die von den Larven abgesonderten Seidenfäden verwenden. Kooperation und Verwendung eines Werkzeugs (Larven!), und das zur gleichen Zeit – darauf werden wir später noch einmal zu sprechen kommen.

Abgesehen von den landlebenden Tieren wurde die Kooperation auch bei Tieren im Wasser beobachtet, insbesondere bei Fischen, die in unterschiedlichen Kontexten kooperieren, wie zum Schutz vor Raubfischen oder zur territorialen Verteidigung, dem Fangen von Beute oder auch der Inspizierung von möglichen Fressfeinden. Bei mehreren Arten von tropischen Fischen verursacht der Angriff eines Barrakudas eine Spaltung des Fischschwarms in zwei Gruppen, die in entgegengesetzter Richtung zum Angreifer schwimmen und sich direkt hinter ihm wieder zu einer Gruppe zusammenfinden. Dieses Spalten und Vereinigen findet so lange statt, bis der Räuber von seiner Jagd ablässt. Manche Individuen können den Räuber auch umkreisen, oder aber die Fische verteilen sich.

Im Fall des Beutejagens wiederum kooperieren manche Fische ebenso hervorragend. Die Großen Bernsteinmakrelen *(Seriola dumerili)* verfolgen hierbei eine regelrechte Strategie: Einige Individuen schwimmen entlang eines Makrelenschwarms und drängen so einen Teil von ihm Richtung Küste ab. Die Makrelen sitzen in der Falle und bilden einen dichten Schwarm, umgeben von Großen Bernsteinmakrelen. Eine von ihnen schießt zwischen die Makrelen, die sich verteilen und dabei von anderen Bernsteinmakrelen gefangen werden. Der Nutzen der Kooperierenden macht sich sofort bezahlt.

## Ursprung und Entwicklung der Kooperation: schummeln oder nicht schummeln

Die Kooperation ist den tierischen Gesellschaften also gemein und schließt ebenso miteinander verwandte wie nicht verwandte Individuen ein. Die Mechanismen ihrer Ursprünge und ihrer Entwicklung sind sehr komplex.[13] Die Kooperation kann sehr vorteilhaft für die Gruppe sein. Fische, die kooperieren, können Fischschwärme bilden und sich als Gruppe fortbewegen und somit die individuellen Risiken, auf einen Raubfisch zu stoßen, verringern. Und falls es doch dazu kommen sollte, überlebt die Mehrzahl der Fische.

Wir müssen hier anmerken, dass die Kooperation, die dem Helfenden keinen Nutzen bringt und manchmal selbstlose Kooperation genannt wird, zwar in Gesellschaften von Tieren existiert, wie wir das für das Entlausen gesehen haben, dass sie sich hier aber häufig auf ein verwandtes Individuum oder einen möglichen Partner richtet. Die sozialen Zebramangusten *(Mungos mungo)* versuchen zum Beispiel, von Raubtieren gefangene verwandte Mitglieder zu retten, indem sie koordinierte Angriffe auf sie durchführen.[14] Ob man nun einen Nutzen aus dieser Hilfe zieht oder nicht, ist in evolutiver Hinsicht der interessanteste Punkt. Kooperieren kann unglaublichen Nutzen bringen, hat aber seinen Preis. Warum sollte ich mit einem Artgenossen kooperieren und ihm helfen, wenn ich keinen persönlichen Nutzen davon habe oder, noch schlimmer, wenn ich mein Leben dabei riskiere? Und hilft mir dann im Gegenzug ein anderes Individuum? Warum helfen und selbstlos sein, wenn es sinnvoller für mich wäre, egoistisch zu sein und zu täuschen?

Kooperation kann für ihre Akteure von großem Nutzen sein, und ihr Auftauchen im Lauf der Zeit sollte kein Rätsel aufwerfen. Dennoch ist es sehr schwirig zu verstehen, wie die Kooperation aufgetaucht ist und sich entwickelt hat. Warum? Weil der Nutzen, den sie bringt, sehr anfällig ist und das Gleichgewicht rasch gestört werden kann. Was kann ein solches Verhalten gefährden? Ein Schwindler oder vielmehr ein Egoist. Ein einziger Egoist reicht aus, damit das Gleichgewicht zusammenbricht und die Kooperation innerhalb einer Population zu ihrem Ende kommt. Sehen wir uns ein Beispiel dafür an. Ein Erdmännchen ist innerhalb einer Gruppe sicherer, wenn es von der Überwachung der anderen Individuen profitiert. Indem es selbst auch an dieser Überwachung partizipiert, wendet es Zeit dafür auf, statt sich währenddessen zu ernähren, und Energie für dieses ganze Bewegen und Sichumschauen. Stellen wir uns einen Moment lang vor, dass dieses Individuum seine Zeit und seine Energie lieber dafür verwenden will, zu fressen oder sich auszuruhen, und dass es seine Wachsamkeit einstellt. Ändert das etwas an der Sicherheit der Gruppe? Ganz sicher nicht. Ein Individuum mehr oder weniger, das ist nicht weiter schlimm. Wir befinden uns in Gegenwart eines egoistischen oder schummelnden Individuums der Gruppe. Es wird mehr Zeit damit verbringen, sich um sein Leben zu kümmern, mehr fressen, »weniger bezahlen« für das Leben der anderen, vielleicht länger leben, mehr Zeit und Energie auf seine Fortpflanzung verwenden und somit mehr Nachkommen erzeugen, die vielleicht ebenfalls den Charakterzug »egoistisch« tragen. Keine Konsequenzen für die Gruppe? Nein, keine sofortigen. Das Problem besteht im Aufrechterhalten der Kooperation innerhalb der Gruppe. Denn dieser Egoismus oder dieses aufkommende Schummeln könnte sich ausbreiten. Und wenn es sich ausbreitet, gibt es keine Kooperation mehr.

Es existiert eine Art, bei der es häufige Beispiele für das Auftauchen und die Ausbreitung von Egoisten und Schummlern gibt. Das ist natürlich die menschliche Art. Bei den Menschen können die Kooperation und der Nutzen, der damit einhergeht, häufig nicht miteinander Schritt halten. Ein Beispiel illustriert diese Dualität zwischen Kooperation und Egoismus ganz

## Kooperation, Altruismus oder Empathie?

hervorragend und hat ein ganzes Forschungsfeld zu dem hervorgebracht, was man die Spieltheorie nennt. Stellen wir uns Individuen vor, die für den Weg zur Arbeit entweder das Auto oder den Bus nehmen können. Wenn alle den Bus nehmen, sind wenige Autos unterwegs, die Straßen sind frei, und sie brauchen nicht lange, bis sie ankommen, sagen wir eine halbe Stunde. Mit dem Auto braucht man aber offensichtlich nicht so lange wie mit dem Bus. Sagen wir 25 Minuten. Was passiert? Manche Individuen nehmen das Auto, damit sie diese fünf Minuten einsparen. Das Problem: Mit ihnen sind die Straßen voll, und sie bremsen den Bus, aber auch die anderen Autos aus. Folglich dauert es länger mit dem Auto als mit dem Bus, aber immer noch etwas kürzer als mit dem Bus. Also nehmen immer mehr Leute das Auto, die Staus werden länger und mehr, und jetzt braucht man eine Stunde mit dem Bus und 50 Minuten mit dem Auto, um zur Arbeit zu fahren. Es wäre im Interesse aller, zu kooperieren und den Bus zu nehmen. Doch der Egoismus und das Schummeln gewinnen die Oberhand. Ein Individuum oder eine kleine Gruppe von Individuen reichen aus, damit die Kooperation und ihr Nutzen zusammenbrechen.

Das Aufrechterhalten und die Entwicklung der Kooperation sind also von grundlegender Bedeutung, und die unterschwelligen Mechanismen sind überaus komplex.[15] Umso mehr, wendet man sich den Ursprüngen der Kooperation zu. Ohne Kooperation sind die Individuen egoistisch und kümmern sich nur um ihre persönlichen Belange. Stellen wir uns vor, ein

## Die Intelligenz des Herzens

Individuum, das gerne kooperieren möchte, taucht in dieser Population voller Egoisten auf. Die anderen Individuen könnten die Situation ausnutzen und von dem profitieren, was es zu bieten hat. Dieses Individuum hätte unter dem Strich noch weniger Erfolg als die anderen, weil es ausgenutzt würde, ohne im Gegenzug etwas zurückzubekommen. Also wird es sich auch weniger fortpflanzen können, und die Wahrscheinlichkeit, dass es seinen kooperativen Charakter an die nächste Generation weitergibt, ist sehr gering. Wie ist die Kooperation also aufgetaucht – sie muss ja aufgetaucht sein, schließlich existiert sie. Hierzu gibt es sehr viele Hypothesen, sprechen wir über die häufigste. Ein Individuum muss überleben und das Überleben seiner Art sichern. Dafür muss es seine Gene weitergeben und verbreiten. Und dafür wiederum muss es seinen Eltern, Brüdern und Schwestern sowie seinen Kindern helfen. Es ist ganz in seinem Sinn, mit den Individuen, mit denen es verwandt ist, zu kooperieren. Im Übrigen ist die Kooperation zwischen verwandten Individuen am häufigsten.

Die Kooperation existiert also durchaus, auch wenn sie manchmal etwas ins Taumeln gerät. Häufig etabliert sich ein Gleichgewicht zwischen Schummlern und kooperierenden Individuen, und die Schummler können manchmal aus der Population verdrängt oder bestraft werden. Die Kooperation wird aufrechterhalten und gefördert, andernfalls droht eine Strafe. Dieser Prozess funktioniert bei den Menschen übrigens relativ gut. Wenn eine Kooperation selbstlos ist, wenn sie also demjenigen, der kooperiert, einen Preis abverlangt und dem,

## Kooperation, Altruismus oder Empathie?

der sie erhält, einen Nutzen verschafft, ist die Versuchung, zu schummeln, sehr groß, denn das Einstellen der Kooperation hätte einen sofortigen Nutzen zur Folge. Warum also dem anderen erneut helfen? Weil die selbstlose Kooperation einen Preis zwar haben mag, aber den eben nur auf kurze Sicht. Es ist tatsächlich sehr wahrscheinlich, dass diejenigen, die selbstlos kooperieren, einen egoistischen Nutzen daraus ziehen, wenn sie der Familie helfen oder ihr »Engagement« bei zukünftigen Interaktionen zurückbekommen.

Die Kooperation ist also aufgetaucht, hat sich entwickelt und entwickelt sich auch noch weiter. Diese Vorgänge sind noch lange nicht aufgeklärt und hängen mit ebenso komplexen Konzepten wie dem Altruismus und manchmal auch der Empathie zusammen. Hier ein letztes Beispiel: Wir sind im Außengehege in einem Zoo in der Nähe von Atlanta in den USA. Ein älteres Schimpansenweibchen mit Namen Peony leidet an Arthrose. An manchen Tagen hat sie große Schwierigkeiten beim Laufen und Klettern. Man würde jede Wette eingehen, dass dieses Weibchen nur mit Mühe zu manchen Schlüsselbereichen des Geheges gelangt, wo sie sich ernährt oder Kontakt zu anderen hat, aber da kennt man ihre Artgenossen schlecht. Denn die anderen Weibchen helfen ihr! Stellen Sie sich vor, wie Peony hechelt und leidet, um zu dem Bereich zu klettern, an dem sich gerade mehrere Schimpansen entlausen. Sie strengt sich an, doch sie schafft es nicht dorthin. Ein junges, nicht mir ihr verwandtes Weibchen, stellt sich also hinter sie, legt die Hände an ihre Hüften und schiebt sie nach oben, bis Peony dort ist. Marie Cibot, eine meiner ehemaligen Doktorandinnen, die ich mit Sabrina Krief betreute, beobachtete im natürlichen Umfeld ebenfalls, dass es zum Teil stark behinderten Schimpansen (mit fehlenden Fingern oder gar ganzen Gliedmaßen) gelang, ebenso viel Nahrung zu sich zu nehmen wie gesunde Schimpansen.[16] Aufgrund dieser Verstümmelungen, an denen viele von ihnen wegen der Wilderei anderer Arten leiden (manchmal geraten Schimpansen in Fallen, die für diese aufgestellt sind), waren wir tatsächlich eher von der Hypothese ausgegangen, dass sie sich nicht richtig ernähren können. Ein Verhalten der gegenseitigen oder selbstlosen Hilfe wurde zwar nicht beobachtet, aber es ist ganz offensichtlich, dass sie über solche Strategien verfügen müssen, um nicht unter den Folgen der Behinderung zu leiden. Obwohl es zig Beispiele von spontaner Hilfe im Tierreich, unter anderem bei Primaten, gibt, führen dennoch sehr viele Studien noch immer auf, dass der Mensch die einzige wirklich selbstlos handelnde Art sei.

## Altruismus bei Tieren? Warum sprechen wir nicht gleich von Empathie?!

Streng genommen ist Empathie die Fähigkeit, vom emotionalen Zustand eines anderen ergriffen zu werden und seine Emotionen zu teilen. Empathie erlaubt dem Organismus, sich über den Zustand eines anderen zu sorgen, was im gesellschaftlichen Interagieren ganz grundlegend ist, um Aktivitäten mit einem gemeinsamen Ziel zu koordinieren. Empathie kann also zu Altruismus führen.[17] Andere sehen in der Empathie etwas Kognitives, das sich der Theory of Mind annähert, also der Kapazität, Bewusstseinsvorgänge in einer anderen Person wahrzunehmen, indem man sich in ihre Situation versetzt sowie die Ziele und Absichten des anderen versteht.[18]

Diese Fähigkeit ist bei mehreren Arten nachgewiesen worden.[19] Erste Nachweise der Empathie gehen auf das Jahr 1960 zurück.[20] Stellen Sie sich eine Ratte vor, die einen Hebel betätigen muss, um Nahrung zu erhalten. Sie drückt auf den Hebel und lässt es sich schmecken. Schwieriger wird die Sache, als sie sieht, wie einer ihrer Artgenossen im benachbarten Käfig einen Stromschlag erhält, wann immer sie den Hebel betätigt. Was macht das kleine Leckermaul? Die Ratte betätigt den Hebel nicht mehr. Hört sie damit auf, weil sie das Leiden ihres Artgenossen fürchtet, oder hat sie nur Angst, ihr könnte dasselbe passieren? Das ist die große Frage. Andere Studien haben umfassend gezeigt, dass Rhesusaffen *(Macaca mulatta)* mehrere Tage nichts mehr fressen, wenn das, was sie tun müssen, um Futter zu bekommen, bei ihren Artgenossen einen Stromschlag auslöst.[21] Ein anderer Versuch dreht sich um eine Ratte, die einen leidenden Artgenossen sieht, der in einem Tragegurt über dem Nichts schwebt. Also drückt sie auf einen Hebel, um die andere Ratte wohlbehalten wieder nach unten zu befördern, bleibt solange in ihrer Nähe und richtet sie sogar zu sich hin aus.[22] Neuere Studien mit Schimpansen, von denen man weiß, dass sie einander trösten können, haben gezeigt, dass sie in der Lage sind, Emotionen zu empfinden, während sie sich Videos von Artgenossen ansehen. Bei einem Experiment wurden den Versuchstieren drei unterschiedliche Videos gezeigt, einmal mit positivem Stimulus (Filme vom Spielen), einmal mit negativem (Filme von Aggressionen) und einmal mit neutralem (Filme von Landschaften). Es zeigte sich, dass die Videos mit den aggressiven Szenen Schreie oder aufgestellte Haare zur Folge hatten. Die positiven Videos haben die Schimpansen dazu gebracht, Gesten zu vollführen, die mit den Spielen zusammenhängen, als würden sie mit dem Bildschirm spielen. Die neutralen Videos haben einfach nur eine aufmerksame Beobachtung hervorgerufen.[23] Bei einem ähnlichen Experiment wurde gezeigt, dass die Temperatur der Haut abnimmt (Hinweis auf eine negative Stimulation), wenn die Schimpansen Videos gezeigt bekommen, in denen ihren Artgenossen Spritzen verabreicht werden.[24]

Sehen wir uns ein anderes Beispiel der Empathie an, das von manchen als vielschichtiger erachtet wird. Wir sind im Zoo von Twycross in England. Ein Star fliegt gegen die Scheibe des Geheges von Bonobos. Kuni, ein Bonoboweibchen, sieht, wie er nach dem Aufprall herunterfällt. Sie sammelt ihn ein und stellt ihn vorsichtig auf die Beine. Der Vogel ist noch völlig benommen und bewegt sich nicht. Sie schüttelt ihn ein bisschen, aber nichts zu machen, er fliegt nicht davon. Also nimmt Kuni den Star in die Hand und klettert auf den höchsten Baum. Dort setzt sie sich rittlings auf den Stamm, um den Vogel mit beiden Händen festhalten zu können, und klappt seine Flügel vorsichtig auseinander, bis sie ganz geweitet sind. Sie hält die beiden Flügelspitzen fest und wirft den Vogel so in die Luft. Leider stürzt der Vogel wieder herunter, dieses Mal auf den Abhang des mit Wasser gefüllten Grabens. Kuni klettert nach unten und bleibt neben dem Star, um ihn vor der Neugier eines jungen Bonobos zu schützen – beiläufig sei angemerkt, dass die Bonobos Allesfresser sind ... Kunis Schutz zahlt sich letztlich aus, denn der Vogel fliegt im Lauf des Abends davon.[25]

Ein weiteres außergewöhnliches Beispiel: Wir sind im Jahr 1996 im Zoo von Brookfield (einem Vorort von Chicago). Ein kleiner dreijähriger Junge erklettert das Schutzgitter, das die Besucher vom Graben mit den Gorillas trennt. Er fällt, stürzt sechs Meter in die Tiefe und bleibt bewusstlos auf dem Boden liegen. Binti Jua, ein Gorillaweibchen, nähert sich dem Jungen mit ihrem Nachwuchs. Sie hebt ihn hoch, durchquert das Gehege und legt ihn an der Tür des Geheges ab. Der kleine Junge wird gerettet – eine ähnliche Rettung hatte schon früher einmal in einem Zoo in England stattgefunden. Diese Art der Hilfe zeugt jedenfalls von der Empathie, die manche Arten empfinden können. Die Schimpansen verstehen Gefühle, Haltungen und Situationen der anderen und können sogar ihr Leben aufs Spiel setzen. Der Gorilla Koko, dem Doktor Patterson die Gebärdensprache beigebracht hatte, »sagte« sogar, dass sie traurig sei, als die Katze, mit der sie immer spielte, gestorben war.

Man zählt über 2.000 andere Anekdoten, die von der Empathie bei nicht menschlichen Primaten zeugen,[26] und Studien versuchen, die Grundlagen dafür zu erforschen.[27] Von einem evolutiven Standpunkt aus gesehen könnte die Empathie eine beachtliche Motivation liefern, Profite zwischen Individuen auszutauschen, und somit weiter fortbestehen. Vermutlich existiert sie also schon sehr lange und müsste auch bei anderen Arten untersucht werden, nicht nur innerhalb der Primaten (andere Säugetiere, Vögel etc.). So zeigt zum Beispiel eine Studie, dass Elefanten in der Lage sind, Absichten und Gefühle von anderen Individuen zu verstehen.[28] Indem sie sich auf nahezu 250 Beobachtungen von freilebenden Afrikanischen Elefanten *(Loxodonta africana)* über 35 Jahre stützen, haben Lucy Bates und ihre Mitarbeiter gezeigt, dass sie mit einer gleichwertigen Empathie wie die Menschen versehen sind und auch über hoch entwickelte kognitive Fähigkeiten verfügen.[29] Elefanten können tatsächlich andere trösten, Waisen adoptieren, Bündnisse schließen, einander dabei helfen, junge Elefanten, die im Schlamm feststecken, herauszubekommen, sie können aber auch Lanzen herausziehen, die anderen Individuen im Körper stecken ... Dem anderen zu helfen impliziert aber Empathie: Man muss verstehen, in welcher Situation sich der andere befindet, und seine Gefühlswelt nachvollziehen. Doch da Elefanten ihrer selbst vollauf bewusst zu sein scheinen, können sie sich durchaus auch anderer bewusst sein. Wobei es vielleicht gar nicht unbedingt das Bewusstwerden seiner selbst braucht, um selbstlos zu sein und Empathie zu empfinden. Wir sind hier an der Grenze zwischen Philosophie und Biologie, wie das bei diesen Thematiken schon immer der Fall war, für die sich Darwin genau wie auch zahlreiche Philosophen interessieren. Hier gibt es noch sehr viel für uns zu entdecken. Den Menschen nicht mehr als einzige Art zu erachten, die zu einem solchen Verhalten fähig ist, wird uns helfen, komparative Ansätze zu finden und mehr über diese Entwicklung herauszufinden.

KAPITEL 8

# Eine oder mehrere Formen der Intelligenz?

## Von einer linearen hin zu einer sich verästelnden Evolution

»Bist du intelligent?«
»Ehrlich gesagt, weiß ich nichts ...«
»Das ist doch eine bescheuerte Antwort!«
»Siehst du, ich habe es dir doch gesagt.«

Der Mensch ist intelligenter als eine Ameise, weil diese nicht weiß, wie man einen Computer bedient. Es stimmt, der Mensch ist in informatischen Dingen begabter als eine Ameise. Aber die Wüstenameise ist intelligenter als der Mensch, weil sie sich besser orientieren kann. Wer von beiden ist nun also intelligenter? Zählt es mehr, einen Computer benutzen oder sich orientieren zu können, um zu überleben? Das lässt sich nur schwer beantworten. Genau wie es sehr schwer ist, die Frage »Sind Sie intelligent?« zu beantworten, ganz einfach deshalb, weil es keine einfache und nicht nur eine einzige Definition für Intelligenz gibt. Ist Intelligenz die Fähigkeit, auf neue oder komplexe Situationen zu reagieren oder aber zu lernen und Neuerungen einzuführen?[1] Ist Intelligenz die Fähigkeit, Probleme zu lösen? Ist Intelligenz die Fähigkeit, rasch zu lernen oder auch zu argumentieren?[2] Ist Intelligenz die Fähigkeit, etwas zu kreieren oder aber einem anderen zu helfen? Zusätzlich zu diesen verschiedenen Visionen von Intelligenz spielen hier sehr viele unterschiedliche Parameter eine Rolle: Da gibt es die unterschiedlichen Fähigkeiten, die wir gesehen haben, wie das Manipulieren, das Benutzen von Werkzeugen, ihre Herstellung, Bewegung, Erinnerung, Erfinden, Weitergabe etc., und es gibt auch die verschiedenen Kontexte wie das Leben im Wald, in der Wüste, mit Raubtieren etc. Wie soll man die evolutiven Mechanismen der Intelligenz verstehen, wenn schon allein die Definition von Intelligenz so vielschichtig ist? Sicher ist, dass Tiere sehr vieles tun können, wozu Menschen manchmal in der Lage sind und manchmal auch nicht, dass diese Fähigkeiten bei sehr unterschiedlichen Arten existieren und dass sie somit zu unterschiedlichen Zeiten in der Evolution aufgetaucht sein müssen.

Es gibt keine lineare Evolution der Intelligenz, genau wie es ganz einfach keine lineare Evolution gibt. Daher kam die bewusste Entscheidung, eine breit gefasste Definition der Intelligenz zu wählen, wie wir sie in diesem Buch verfolgt haben, und sie als eine adaptive Strategie zu erachten. Alle Arten sind intelligent, auf ihre Weise, in ihrem Umfeld, aufgrund der einen

## Lineare und verästelnde Evolution

oder anderen Fähigkeit, sicher, aber sie alle sind intelligent. Diese Intelligenz in eine Hierarchie packen zu wollen, mit dem einzigen Ziel, die menschliche Überlegenheit aufzuzeigen, ist vergebens, denn es wird immer eine Fähigkeit existieren, die sich den Menschen entzieht, die wir aber bei anderen Tieren antreffen werden. Außerdem muss man die Intelligenz in der Evolutionsgeschichte betrachten. Ameisen, die zum Teil mit den Dinosauriern in Berührung kamen, leben und überleben seit 120 Millionen Jahren. Die Menschen sind erst etwa drei Millionen Jahre alt – werden sie intelligent genug sein, um auch so lange hier zu sein?

Eine weitere Überzeugung: Es gibt nicht nur eine, sondern mehrere Formen der Intelligenz. Jede hat ihren Platz in diesem Konzept von »pluralistischer Intelligenz«. Die Intelligenz ist mannigfaltig im Tierreich vertreten, und ein ganzes Leben würde nicht ausreichen, ihre Entwicklung zu verstehen. Vermutlich ist das im Übrigen auch ein unmögliches Unterfangen bei all den Fähigkeiten, Verhaltensformen und Arten auf diesem Planeten, ganz zu schweigen von denen, die wir nicht kennen. Allenfalls können wir uns erforschen und manche Phänomene der Gemeinsamkeiten verstehen, also verstehen, wie so weit auseinanderliegende Klassen wie Insekten, Kopffüßer, Vögel und Primaten so komplexe artenübergreifende Verhaltensweisen entwickeln konnten, wie den Gebrauch von Werkzeug, bei denen die Hände, die Schnäbel, die Pfoten, Tentakel oder Rüssel zu Hilfe genommen werden. Es ist faszinierend, verstehen zu wollen, warum so unterschiedliche Tiere, die zum Teil in völlig gegensätzlicher Umgebung leben, dasselbe Verhalten entwickeln konnten.

Außerdem ist es möglich herauszufinden, wann genau in der Evolution dieses oder jenes Verhalten aufgetaucht ist. Das bleibt allerdings eine diffizile Angelegenheit, denn die Verhaltensformen fossilisieren nicht, und bestenfalls können wir versuchen, durch das heutige Verhalten eines Tieres Rückschlüsse auf dessen Vorfahren zu ziehen. Wenn eine Krähe heute in der Lage ist, ein Werkzeug zu benutzen, um Larven aus einem Baumstumpf zu extrahieren, dann können wir annehmen, dass die Vorfahren dieser Krähe Schnäbel und Füße hatten, die der heutigen ähneln, dass es Baumstümpfe und Larven gab, demzufolge hatten ihre Vorfahren vermutlich das Potenzial, dasselbe Verhalten an den Tag zu legen. Doch das können wir nur vermuten. Das Faszinierende daran ist, das Warum zu verstehen: Warum entwickeln sehr unterschiedliche Tiere an verschiedenen Orten und zu verschiedenen Zeiten ähnliche Verhaltensformen, und, im Gegensatz dazu, warum führen innerhalb ein- und derselben Art manche Individuen und Gruppen Neuerungen ein und andere wiederum nicht?

## Mit dem Leben taucht auch die Intelligenz auf

Es lässt sich schwer festlegen, wann genau die Intelligenz auftauchte. Eine solche Antwort würde tatsächlich auf Schlussfolgerungen von Beobachtungen oder den Kenntnissen über

## Lineare und verästelnde Evolution

die Welt heutzutage basieren. Folglich können wir nur Hypothesen aufstellen. Und eine darunter scheint ganz plausibel zu sein. Die Intelligenz taucht nicht zum ersten Mal vor etwa drei Millionen Jahren mit den ersten Menschen auf. Sie taucht auch nicht mit den ersten Primaten vor 65 Millionen Jahren auf. Genauso wenig mit den Vögeln vor 150 Millionen Jahren oder mit den Säugetieren oder Dinosauriern vor etwa 230 Millionen Jahren. Auch nicht mit den Reptilien vor etwa 300 Millionen Jahren oder mit den Amphibien vor 360 Millionen Jahren. Ebenso wenig mit den Insekten vor 400 Millionen Jahren oder den Fischen vor 500 Millionen Jahren. Aber dann muss die Intelligenz doch zum ersten Mal mit den ersten Kopffüßern vor etwa 550 Millionen Jahren aufgetaucht sein? Nein, auch das nicht. Der Ursprung der Intelligenz geht noch sehr viel weiter zurück. Bestimmt taucht sie im selben Moment auf, in dem auch das Leben auftauchte, noch vor den ersten echten Tieren, also vor etwa 3,5 Milliarden Jahren.

Betrachtet man nämlich die Fähigkeiten von Bakterien (Prokaryoten, Zellen ohne Zellkern im Gegensatz zu den Tieren), gegen Antibiotika zu kämpfen, dann besteht kein Zweifel an ihrer Intelligenz. In den letzten 50 Jahren sind sehr viele Antibiotika hergestellt worden, manche davon sogar mit Molekülen, die in der Natur gar nicht existieren. Und doch haben alle Bakterien Mechanismen entwickelt, die es ihnen erlauben, gegen diese Moleküle anzukämpfen. Angesichts von neuen, um nicht zu sagen völlig unerwarteten Situationen haben die Bakterien eine reale Kapazität der Adaptation unter Beweis gestellt und Lösungen gefunden, um zu überleben. Es ist also nicht weiter verwunderlich, wenn Kollegen bei diesen kleinen Organismen von kollektiver Intelligenz sprechen. Die Mikroorganismen sind zu komplexen Adaptationen fähig, vielleicht sogar zu selbstlosem Verhalten oder zur Kooperation. Manche können sogar einen entsprechenden Baustoff wählen, aus dem sie ihre Schalen formen,[3] und sind mit Fähigkeiten des Erlernens ausgestattet ...[4] Bei den Bakterien benötigt das Bilden von Biofilm eine gemeinschaftliche Entscheidung der ganzen Kolonie, und es gibt zahlreiche Beispiele zur Reorganisation, Kooperation oder Adaptation bei Nahrungsmangelknappheit, Wassermangel aufgrund von Hitze oder Angriff durch ein Antibiotikum.[5] Manche sprechen sogar von sozialer Intelligenz bei den Bakterien.[6] Bakterien treffen als erste Lebewesen auf dem Planeten auf und haben weder Hände noch Gehirn. Die Intelligenz ist also eindeutig nicht den Menschen vorbehalten und ist auch nicht an eine besondere Morphologie oder Physiologie geknüpft. Es ist sehr wahrscheinlich, dass die Fähigkeiten des menschlichen Gehirns unterschätzt werden und noch vieles davon unbekannt ist, dennoch steht fest, dass die Intelligenz nicht auf den Menschen gewartet hat, um an unterschiedlichen Orten zu unterschiedlichen Zeiten aufzutauchen und sich über Zeit und Raum zu verbreiten.

## Intelligenz: Weshalb sie auftaucht und wie sie sich weiterentwickelt

Neuere Untersuchungen haben ergeben, dass manche Gene Einfluss auf die Entwicklung der Intelligenz haben könnten. Das soll zum Beispiel beim Gen FOXP2 der Fall sein, das mit der Entwicklung von Sprache und den Fähigkeiten des Erlernens zu tun hat. Amerikanische Wissenschaftler haben Mäusen das menschliche FOXP2-Gen eingepflanzt und dann ihre kognitiven Fähigkeiten mit denen von normalen Mäusen bei Tests in einem Labyrinth verglichen. Dabei haben sie entdeckt, dass die Mäuse mit dem Gen schneller lernten und auch Nahrung schneller fanden als die normalen Mäuse.[7] Abgesehen von den genetischen Theorien haben vermutlich auch andere Parameter zum Auftauchen und zur Steigerung der Kapazitäten von Organismen und ihrer Intelligenz beigetragen. Dementsprechend heben manche Wissenschaftler soziale Parameter hervor, wie das Leben in einer Gruppe oder das abwechselnde Vermeiden von Fressfeinden und Konfrontieren mit ihnen, aber auch ökologische Parameter, wie die Nahrungssuche.[8] Und wenn die Intelligenz zu unterschiedlichen Zeiten und in verschiedenen Tierlinien auftaucht, dann zweifelsohne deshalb, weil die Organismen einen Nutzen daraus ziehen können. Es ist zum Beispiel möglich, dass die Intelligenz einem Organismus erlaubt, Probleme zu lösen, seine Überlebenschancen zu verbessern, insbesondere dank der sogenannten Verhaltensflexibilität, also der Fähigkeit, sein Verhalten durch eine breite Palette von individuellen Möglichkeiten an eine Situation anzupassen.[9] Bin ich zum Beispiel ein Individuum, das ein Werkzeug benutzen kann, dann stehen mir mehr Möglichkeiten zur Verfügung, als wenn ich ein Organismus bin, der keine benutzt. Verbirgt sich ein Wurm in einem Baumstamm und zwei Vögel wollen ihn fressen, beide haben aber einen zu kurzen Schnabel, um ihn zu erreichen, dann ist der Vogel im Vorteil, der ein Werkzeug benutzen und ihn sich so herausholen kann. Jedes Individuum und jede Art verfügt dementsprechend über Verhaltensweisen und allgemeine Fähigkeiten, die sich im Rahmen des Lebens entwickeln und je nach Kontext benutzt werden können.

Sehr viele Studien, die sich auf die Leistungen von Tieren erstrecken, stellen eine grundsätzliche Intelligenz fest, die im Übrigen mit der Größe des Gehirns in Verbindung stehen soll.[10] Sein großes Gehirn würde den Menschen also zum Vorteil gereichen, da er es zu besseren Leistungen hinsichtlich des Erinnerungsvermögens, des Erlernens, Planens etc. brächte. Allerdings reichen solche Vorteile nicht aus, um die Evolution der Intelligenz und des Gehirns zu erklären. Schließlich begünstigt die natürliche Selektion keine Exzesse, und sofern eine wenig aufwendige Lösung greifbar ist, ist die Wahrscheinlichkeit, dass diese gewählt wird, sehr viel größer. Die Intelligenz wiederum ist ein sehr aufwendiges Unterfangen. Tatsächlich ist allein das menschliche Gehirn für den Verbrauch von 25 Prozent der im Körper befindlichen Glukose verantwortlich, von 20 Prozent des Sauerstoffs und 15 Prozent der Herzleistung.

## Lineare und verästelnde Evolution

Das Gehirn beansprucht 20 Prozent unseres metabolischen Grundumsatzes und stellt dabei nur zwei Prozent des gesamten Körpergewichts dar. Damit erweist es sich als höchst aufwendiger Posten für den Stoffwechsel, deutlich höher als die restlichen menschlichen Körpergewebe. Anders ausgedrückt, die hervorgerufenen Vorteile durch eine zunehmende Größe des Gehirns sollten besser stichhaltig sein.

Diese physiologische Vision der Intelligenz wird noch interessanter, wenn man weiß, dass das Erforschen und Lernen in der Gruppe zu einer besseren und effizienteren Verwendung des Gehirns führt. Demnach hätte es also einen tatsächlichen, aber aufwendigen Vorteil, intelligent zu sein, der durch das Leben in der Gesellschaft gewissermaßen wirtschaftlicher wird. Man kann davon ausgehen, dass die in Gesellschaft lebenden Tiere mit einem toleranten gesellschaftlichen System und einer langsamen Entwicklung (die Zeit zum Lernen lässt) die umfangreichsten Formen für das gesellschaftliche Lernen und somit vermutlich höhere Kapazitäten entwickelt haben. Das trifft auf Menschenaffen, Kapuzineraffen, Delfine, Wale, Elefanten, Rabenvögel und auch Papageien zu. Die menschliche Art als gesellschaftliche Art, die von einer langen Entwicklung profitiert, reiht sich perfekt in diese sogenannte kulturelle Hypothese ein. Das gesellschaftliche Lernen beim Menschen taucht schon sehr früh während des Wachstums auf und erlaubt es, alle möglichen Fähigkeiten und Techniken zu erlangen. Die Pädagogik würde also für manche eine typisch menschliche Adaptation darstellen,[11] für andere wiederum teilten wir sie mit den Schimpansen[12] oder sogar mit den Ameisen, die laut manchen Wissenschaftlern gute »Lehrerinnen« sind.[13] Schimpansenmütter im Taï bringen ihren sechs- bis siebenjährigen Jungen bei, wie man Nüsse knackt, indem sie ihnen zeigen, wie die Nuss richtig auf die Unterlage gelegt werden muss, und indem sie die Gesten manchmal verlangsamt ausführen.[14]

Das soziale Leben, das Kooperation und Wettstreit beinhaltet, hat also vermutlich das Auftauchen und die Entwicklung der Intelligenz gefördert. Für diese Entwicklung können jedoch auch andere Hypothesen vorgebracht werden. Demnach würde sich die Intelligenz ganz nach den spezifischen Anforderungen der Umwelt richten. Aus diesem Grund verfügen Vögel, die jagen, über ein ausgezeichnetes Erinnerungsvermögen, Brieftauben können sich hervorragend orientieren, Bienen besitzen ein komplexes Kommunikationssystem, und Primaten haben enorme Fähigkeiten entwickelt, um saisonale Früchte zu finden sowie an schwer zugängliche Früchte heranzukommen (Früchte mit Schale öffnen etc.).

Die Hypothesen über die kulturelle Intelligenz, die ökologische Intelligenz oder auch die soziale Intelligenz beinhalten allesamt stichhaltige Überlegungen. All diese sozialen, kulturellen, ökologischen Faktoren spielen ganz bestimmt eine Rolle bei diesem so vielschichtigen Thema. Trotzdem bleiben Fragen bestehen. Wenn es so vorteilhaft ist, intelligent zu sein, selektiert die Evolution dann nur die intelligenten Arten, was automatisch heißen würde, dass alle heutigen Arten intelligent sind? Ja, vermutlich, doch in unterschiedlichem Maß und je nach Kontext. Sicher ist jedenfalls, dass man nicht Einstein heißen muss, um zu überleben. Ebenfalls ganz offensichtlich ist die Tatsache, dass man innerhalb egal welcher Gruppe und egal welcher Art unterschiedliche Verhaltensformen beobachten kann: Manche Individuen scheitern, andere haben Erfolg, es gibt Individuen, die effizienter vorgehen als andere etc. Wie immer gibt es eine sehr große Vielfalt zwischen den Arten, den Populationen und den Individuen, wirft man einen von der Biologie und der Evolution geprägten Blick darauf. Und genau diese Vielfalt macht es schwierig, komplexe Dinge zu verstehen, umso mehr, als wir den Menschen in der Evolutionspyramide ganz nach oben stellen.

## Mal angenommen, die Menschen wären trotz allem die Intelligentesten ...

Gehen wir trotz allem einmal von der Annahme aus, Menschen verfügten über eine außergewöhnliche, den anderen Arten überlegene Intelligenz. Es ist eine Tatsache, dass die Menschen von heute über ein sehr großes Gehirn verfügen. Dieser Punkt liegt für manche darin begründet, dass sie sehr kreativ und sehr intelligent sind, und zeugt von einer natürlichen Selektion, selbst wenn die Bedingungen, die diese kognitiven menschlichen Adaptationen begünstigten, nach wie vor ein Rätsel aufgeben. Es gibt zahlreiche Hypothesen, die die selektiven Vorteile einer intellektuellen Veränderung während der menschlichen Evolution herausstellen. Die meisten Erklärungen implizieren, dass Lösungen für ökologische Probleme gefunden werden mussten, wie Situationen, in denen die Verwendung von Werkzeug notwendig wurde, aber auch das Jagen, die Aasverwertung, das Leben in der Savanne oder in instabiler Umgebung etc. Das Problem besteht darin, dass sehr viele andere Arten ebenfalls Werkzeuge benutzen, in instabilen Umgebungen leben, jagen, Aas verwerten etc. Aus diesem Grund schlägt ein anderes Forschungsfeld vor, dass Fortschritte in Sachen Sprache, Kunst oder auch Religion zu einer Verwendung von symbolischen Repräsentationen geführt hätten und den Ursprung für die hoch entwickelten kulturellen Fähigkeiten darstellten.[15] Allerdings verwenden sehr viele Arten ebenfalls ausgeklügelte Kommunikationsmodi mit Gesang, Koloratur, Gesten bis hin zu Symbolen. Untersuchungen haben diese ausgefeilten Fähigkeiten im Übrigen bestätigt. In den Siebzigerjahren benutzte der Schimpanse Washoe etwa 250 Zeichen, die sein Lexigramm bildeten. Kanzi, der Bonobo, den wir bereits kennen, war in der Lage, die Lexigramme mit Gegenständen, Aktionen oder Personen zu verbinden und Assoziationen von Lexigrammen zu erstellen, um ihnen einen neuen Sinn zu geben.[16] Der berühmte Graupapagei aus dem Gabun namens Alex wurde von der Verhaltensforscherin Irene Pepperberg trainiert und konnte Sätze wie »Alex gibt Apfel Irene« sagen. Alex konnte auch etwa 50 Gegenstände differenzieren, Farben, Formen oder auch Strukturen unterscheiden und auseinanderhalten. Er verstand etwa 150 Wörter perfekt und konnte sie in einer Unterhaltung kohärent einsetzen.[17]

Hier ein anekdotisches Beispiel einer Unterhaltung, die nach einem durchgeführten Experiment abends stattfand:

> Dr. Pepperberg: »Du hast deine Pause verdient.«
> Alex: »Kommst du morgen?«
> Dr. Pepperberg: »Ja.«
> Alex: »Ich esse jetzt.«
> Dr. Pepperberg: »Okay, iss dein Abendessen.«
> Alex: »Und sei ja brav.«
> Dr. Pepperberg: »Ja, sicher doch, bis morgen.«

Alex ist im Alter von 31 Jahren früh verstorben. Seine letzten Worte an Doktor Pepperberg waren: *»You be good, see you tomorrow, I love you.«* Doch nicht nur Papageien können auf sehr komplexe Weise kommunizieren. Akeakamai, ein weiblicher Großer Tümmler, konnte die Gebärdensprache für alles verstehen, was sich auf Gegenstände oder Richtungen bezog. Sie konnte auch einfache Wörter oder Sätze verstehen wie: »Berühr das Frisbee mit der Schwanzflosse und spring dann darüber.«[18] Eine Studie hat vor Kurzem gezeigt, dass Paviane die Elemente auseinanderhalten können, die ein Wort bilden. Sie sind in der Lage, Buchstabenkombinationen zu erlernen, die häufig in englischen Wörtern auftauchen, und erkennen, wenn ein Buchstabe nicht an der richtigen Stelle steht. Paviane führen also eine regelrechte orthografische Analyse durch![19]

## Eine oder mehrere Formen der Intelligenz?

## Von der Unmöglichkeit, Intelligenz zu hierarchisieren

Was also ist an der Entwicklungsgeschichte unserer Vorfahren derart außergewöhnlich und einzigartig, dass die heutigen Menschen so intelligent geworden sind? Eine genetische Mutation, wie manche es hinsichtlich des FOXP2-Gens erwähnen?[20] Seien wir ehrlich, es ist überaus schwierig, eine Reihe von zwingenden Selektionskriterien zu finden, die einzig für die menschliche Linie gelten würde. Alle vorgebrachten Kriterien treffen auch auf andere Arten zu. Und nun? Entweder übersehen wir die Schlüsselparameter und sind blind oder ein Mysterium versteckt sich irgendwo, oder aber es gibt kein Alleinstellungsmerkmal für den Menschen und wir suchen nach etwas, nach einer menschlichen intellektuellen Eigenheit, die nicht existiert. Oder aber sie existiert, aber im selben Maß wie eine intellektuelle Eigenart der Schwertwale oder der Vögel, mit ökologischen, sozialen und sonstigen Faktoren, die hier eine identische und zugleich abweichende Rolle in der Evolution der Fähigkeiten von allen Tieren spielen.

Was war so besonders, dass die Menschen von heute so intelligent geworden sind? Diese Frage ist vermutlich schon an sich verzerrt, und vermutlich finden wir deshalb keine verlässliche Antwort. Wir suchen nach Gründen, nach dem einen Grund für die menschliche Intelligenz, weil wir sie für außergewöhnlich erachten. Dabei ist diese Intelligenz gar nicht so außergewöhnlich, wie wir glauben wollen, weshalb es ganz

## Lineare und verästelnde Evolution

normal ist, dass wir keine besonderen und spezifischen Gründe für diese menschliche Intelligenz ausmachen können.

Mir fällt es zum Beispiel ziemlich schwer, diese Hierarchie der Intelligenz zu verstehen, die etabliert wurde und die den Menschen über die anderen Tiere stellt. Menschen machen Dinge, die sehr viele andere Tiere nicht tun können. Manchmal trifft aber eben auch das Gegenteil zu. Es gibt nicht nur eine, sondern mehrere Formen der Intelligenz. Und die gewählten Argumente für diese Unterteilung des Verhaltens vom einfachsten hin zum intelligentesten ist letztlich sehr persönlich, um nicht zu sagen subjektiv. Ist ein Individuum, das einen Computer bedienen kann, zwangsweise intelligenter als eines, das das nicht tun kann? Vielleicht, vielleicht auch nicht. Und wenn dieses Individuum, das den Computer bedienen kann, sich nie daran erinnert, wo es die Schlüssel hingelegt hat, während das andere Individuum ein beeindruckendes Erinnerungsvermögen hat, wer ist dann intelligenter? Dieses Argumentieren auf der Ebene des Individuums kann man auch auf die Ebene der Arten übertragen. Warum wäre ein Verhalten wichtiger als ein anderes? Welches Kriterium kann man objektiv auswählen?

## Der Mensch und die Ameise ...

Ameise: »Schreibst du Bücher?«
Mensch: »Ja, wie andere Artgenossen von mir.«
Ameise: »Wie intelligent aber auch! Das ist wunderbar.«
Mensch: »Danke, danke, ich weiß ...«
Ameise: »Und hilft dir das, um zu überleben?«
Mensch: »Ja, weil ich mein Wissen weitergebe.«
Ameise: »Ich kann nicht schreiben.«
Mensch: »Das ist normal, du bist ja auch nicht so intelligent wie wir Menschen.«
Ameise: »Aber ich finde meinen Weg auch mitten in der Wüste.«
Mensch: »Den finde ich auch, ich habe das GPS erfunden.«
Ameise: »Aber natürlich, was habe ich mir nur dabei gedacht?«
Mensch: »Na, du denkst eben nicht.«
Ameise: »Meine Gedanken sind vielleicht weniger komplex als deine, das mag schon sein.«
Mensch: »Ja, aber du bist so klein und so zerbrechlich.«
Die Ameise: »Und auch großzügig.«
Mensch: »Ach ja, und wieso das?«
Ameise: »Weil ich dich abhole, wenn dein GPS keine Batterie mehr hat ...«

Warum dieser kurze ausgedachte Dialog? Weil die Menschen tatsächlich unglaublich sind, was ihre Kreativität, ihren

## Lineare und verästelnde Evolution

Einfallsreichtum, ihre sich beständig erneuernden Entdeckungen betrifft, und das mit erstaunlicher Geschwindigkeit. Aber es gibt immer diesen einen Moment, in dem die Arroganz schadet. Die Menschen verstecken sich hinter ihrer unglaublichen Technologie, aber nichts kann das Konkrete und die situative Intelligenz ersetzen, wie man so sagt, diese Intelligenz, die einen dazu bringt, am richtigen Ort zum richtigen Zeitpunkt die richtige Entscheidung zu treffen. Wenn Sie sich mitten in der Wüste befinden und Ihr Navi keine Batterie mehr hat, dann können Sie wohl ein Genie sein, Sie finden nicht aus der Wüste heraus. Die Technologie, die sehr vielen Entdeckungen vorangeht (Zellen werden zum Beispiel mittels eines Mikroskops entdeckt), macht nicht zwangsläufig intelligent. Den nächsten Punkt habe ich in diesem Werk nur wenig angesprochen, aber in Sachen Bauen haben viele Tierarten, sogenannte Architekten oder Ingenieure, unglaubliche Fähigkeiten zu verzeichnen. Ja, zugegeben, Menschen sind intelligent, machen Entdeckungen und bringen außerordentliche Kreationen hervor; dennoch sollten wir vielleicht mit dieser absurden Suche nach dem Auftauchen der für den Menschen spezifischen Intelligenz aufhören, die es womöglich gar nicht gibt oder aber im Verhältnis zu betrachten ist. Das ist eine Tatsache: Es existieren mehrere Formen der Intelligenz, je nach Kontext, für jede Art, für jedes Individuum. Und eine derartige Vielfalt zu hierarchisieren ist ein Ding der Unmöglichkeit oder aber eine bewusste oder unbewusste Entscheidung, den Menschen, komme, was wolle, an die Spitze der Pyramide zu stellen.

# Fazit

## Über die Absurdität, die tierische Intelligenz beweisen zu müssen

Als ich am Schreiben saß und meine Kollegen darüber informierte, dass ich ein Buch über die Evolution der Intelligenz verfassen würde, waren ihre ersten spontanen Reaktionen ausnahmslos Ausrufe wie: »Oh, oh ...«, »Puh ...«, »Unmöglich!«, »Das wird nicht einfach ...« oder auch: »Du bist ja verrückt!« Zunächst einmal natürlich, weil der Begriff der Intelligenz undefinierbar ist, und dann, weil wir heute immer noch erklären müssen, dass nicht nur die Menschen Intelligenz aufweisen. Ich war mir dieser Schwierigkeit bewusst. Intelligenz ist vielleicht ein zu weit gefasster, zu ungenauer und auch unpassender Begriff. Eine Anekdote symbolisiert diese Wahrnehmung ganz hervorragend: Auf dem Kongress der International Primatology Society 2012 in Cancun hält Professor Tetsurō Matsuzawa, ein international angesehener japanischer Primatologe, einen Vortrag mit dem Titel: »Was ist ausschließlich menschlich?«. Ein beeindruckender Vortrag, in dem der Professor, mit seiner unglaublichen Erfahrung, versucht, die menschlichen Besonderheiten herauszustellen. Um das zu tun, nimmt er sich hauptsächlich vier Kriterien vor: die Kooperation, den aufrechten Gang, die Fantasie und das Erinnerungsvermögen. Eine Stunde lang führt der Professor Fähigkeiten vom Menschen auf, die manchmal die des Schimpansen übertreffen, manchmal nicht. Zu keinem Zeitpunkt seines Vortrags spricht er über Intelligenz. In anderen Worten, für ihn ist das nicht das Thema. Und da bin ich ganz bei ihm. Zu behaupten, eine Art sei intelligenter als eine andere, ergibt unterm Strich keinen Sinn. In welchem Kontext? Für welches Verhalten? Für welche Leistung? Wir können dieses Konzept unmöglich verallgemeinern.

Natürlich gibt es nicht nur eine Form der Intelligenz. Ich bin glücklich und beruhigt zu sehen, dass sich Arbeiten den vielfältigen Formen der Intelligenz beim Menschen widmen.[1] Demnach gibt es auch bei den anderen Tieren vielfältige Formen der Intelligenz. Wir haben uns alle möglichen Verhaltensformen wie die Herstellung und den Gebrauch von Werkzeugen, die Orientierung, das Erinnerungsvermögen, die Innovationen, die soziale und kulturelle Intelligenz, die Empathie und die Kooperation angesehen und können nicht umhin zuzugeben, dass sehr viele andere Tiere außer uns erstaunliche Dinge vollbringen. Erstaunlich für wen? Für uns Menschen, die immer glauben, die Vorherrschaft über die Gesamtheit der Verhaltensformen und der durchgeführten Handlungen hier auf

Erden zu haben? Gemessen an den anderen Tieren und ihrer Evolution ist das jedenfalls ganz bestimmt nicht immer erstaunlich.

## Die Intelligenz, gemessen am Maßstab der Evolution

In diesem Buch habe ich den Schwerpunkt absichtlich auf die tierische Intelligenz gelegt und nicht auf Verhaltensstrategien im weiteren Sinne. Mein Ziel war es, uns zum Nachdenken über diesen komplexen Begriff der Intelligenz und die menschliche Dominanz, die ihr damit zugeschrieben wird, zu bringen. Natürlich dürfen wir nicht in Übertreibungen und Irrglauben abdriften oder gar bei irgendwelchen Mythen landen, die mit der tierischen Intelligenz assoziiert werden (ein Pferd, das zählen kann, sprechende Affen ...). Man muss stattdessen versuchen, so nah wie möglich an den tatsächlichen kognitiven Fähigkeiten der Tiere zu bleiben, indem man sich verpflichtet, stringente Methodologien anzuwenden.[2] Dennoch ist tierische Intelligenz eine Tatsache,[3] und ich bin überzeugt, dass man Intelligenz am Maßstab der Evolution messen muss und dass die menschliche Gattung viel zu jung ist, um zu bestätigen, dass sie intelligent genug sein wird, um so lange zu überleben, wie das viele andere schon getan haben. Um es etwas provokant zu formulieren: Gemessen an der Adaptation sind die Menschen Dummköpfe! Wir sind erst seit drei Millionen Jahren hier, während andere Tiere schon seit 600 Millionen Jahren existieren. Aber wer wird in einem Jahrhundert, einem Jahrtausend, einer Million Jahre, also gemessen an der Evolution, morgen noch da sein?

Die Menschen sind so zerstörerisch und haben bisher in ihrer Umgebung derart versagt, dass sie die einzigen Tiere sind, die ganz bestimmt ein anderes Umfeld erobern werden müssen, ein außerirdisches Umfeld, um auf lange Sicht zu überleben. Wer also ist hier intelligenter? Wie soll man den erschütternden Aufruf von Professor John Oates an die Gemeinschaft der Primatologen überall auf der Welt während des International Primatology Society Kongresses 2012 in Cancun vergessen? »Hören Sie mit diesem lächerlichen Wettlauf der Publikationen auf und widmen Sie sich dem Drama, das sich vor Ihren Augen abspielt ...« Damit bezog sich der Professor auf die 207 gefährdeten Primatenarten und auf die 50 Prozent von ihnen, die in drei Generationen nicht mehr da sein würden ... Was soll man zum letzten Bericht von *Planète vivante* des World Wildlife Fund (WWF) sagen, der sich auf den von der Zoologischen Gesellschaft von London errechneten Wert stützt, dass mehr als die Hälfte der Wirbeltiere innerhalb von 40 Jahren verschwunden sein würde. Die Populationen von Fischen, Vögeln, Säugetieren, Amphibien und Reptilien weltweit sind zwischen 1970 und 2012 um 58 Prozent zurückgegangen. Wenn nichts unternommen wird, könnte diese Zahl bis 2020 auf 67 Prozent ansteigen. Wir sind nicht alle dazu fähig, loszuziehen und die Arten zu retten. Allerdings können wir unsere

## Der Beweis tierischer Intelligenz

Kompetenzen vereinen und die Menschen vor Ort dazu ermutigen, aktiv zu werden, und uns als Forschende insbesondere für die gefährdeten Arten interessieren – das werden allerdings bald alle sein, und selbst diejenigen, die man schon sehr erforscht hat, wie die Schimpansen, sind davon nicht verschont.

Bezieht man sich auf den Rahmen des Überlebens von Arten und auf ihre Anpassung an die Umgebung, so haben wir gezeigt, dass wir in einem unglaublich kurzen Zeitfenster in der Lage sind, den Lebensraum – auch unseren, zusammen mit zahlreichen Arten, zu denen wir selbst vielleicht auch zählen – zu zerstören. Die anderen Tiere werden uns überleben, werden hier sein, wenn wir schon lange von der Erde verschwunden sind. Sie waren schon vor uns da und werden noch nach uns da sein. Das ist von jetzt an keine Frage der Intelligenz mehr – wir haben unsere Dummheit reichlich bewiesen –, das ist eine Frage des Glaubens. Wie soll man ohne diese Gewissheit als Biologin, Erforscherin des Lebens mit einer Leidenschaft für all diese felligen, schuppigen, gefiederten, mit Exoskeletten versehenen Tiere sonst auch weitermachen? Wie soll man ihnen jeden Tag ins Gesicht sehen? Wie soll man weiter über ihre Bewegungen, ihre Reaktionen, ihre Entscheidungen und Aufmerksamkeiten staunen, über ihre Verhaltensweisen, die jeden Tag erstaunlicher und erschütternder sind? Wie soll man angesichts dieser Gewissheit nicht den Kopf hängen lassen und die Augen niederschlagen? Sie werden uns überleben, davon bin ich fest überzeugt. Vielleicht deshalb, weil ich, genau wie Yves Coppens, der Meister, der mein Denken formte und meine aufwallende Leidenschaft für die Entdeckung des tierischen Lebens und ihrer Evolution während meiner Teenagerzeit entfachte, eine ewige Optimistin bin und eine »ewig Erstaunte«.

## Wenn ich mal groß bin ...

Als Kind, Jugendliche, junge Erwachsene habe ich mir mein Leben vorgestellt. Mit elf Jahren habe ich in meinem Zimmer hoch oben im Haus Lucy gesehen und wollte zu Yves Coppens werden. Mit zwanzig sah ich die Schimpansen in Büchern und wollte zu Jane Goodall werden. Und eines Tages sah ich Lucy und die Schimpansen tatsächlich. In diesem Jahr hatte ich im Übrigen erfahren, dass Lucy vielleicht nicht ertrunken ist, sondern starb, indem sie von einem Baum fiel.[4] Wie auch immer, ich versuchte damals und versuche noch immer, jede einzelne meiner Fragen über das zu beantworten, was den Menschen ausmacht, was seine Intelligenz und die der anderen definiert. Ich versuche, alle Informationen zu sammeln, die die Tierwelt uns liefern kann, um die Vergangenheit und die Gegenwart zu verstehen. Das reicht von der Verwendung von Algorithmen aus der Robotik, um zu verstehen, wie die Manipulationen bei Australopitheci vonstattengingen,[5] um die Bewegungen von Tierarmen zu verstehen und so Roboter beziehungsweise Prothesen zu verstehen, bis hin zu allen Studien, die verstehen

## Der Beweis tierischer Intelligenz

wollen, wie ein Individuum, egal welcher Art, seine Umgebung für sein Überleben nutzt. Welche Strategien setzt es ein? Unterscheiden sie sich von denen seines Bruders, seiner Schwester, seiner Mutter, seines Vaters? Gibt es eine Verbindung zur Genetik? Unterscheiden sie sich von anderen Arten? Warum? Ob es sich um einen kleinen Mausmaki handelt, der einen Wurm schnappen will, oder um einen Bonobo, der mithilfe eines Werkzeugs eine Nuss erreichen will, oder um einen Vogel, der versucht, eine Schachtel zu öffnen, der Prozess ist immer derselbe: Wie erreiche ich mein Ziel mit den Mitteln, die mir zur Verfügung stehen? Mit einem spezifischen Organ? Mit einem Werkzeug? Mit einer spezifischen Fähigkeit, die zu unterschiedlichen Momenten der Evolution auftauchte oder sich verbesserte oder aus manchen Linien wieder verschwand? Das alles ist faszinierend, und ein ganzes Leben reicht nicht dafür aus. Inzwischen ist mir eine Sache klar. Ich werde nicht zu Yves Coppens werden. Ich werde auch nicht zu Jane Goodall werden. Die Sache ist beschlossen. Wenn ich mal groß bin, dann werde ich ich sein.

Ich denke an die Lektionen, die ich zu Beginn lernen musste. Erinnern Sie sich noch? Erste Lektion: Verliere dich niemals in deinen Gedanken. Zweite Lektion: Lerne zu beobachten. Dritte Lektion: Trotze den Gewissheiten. Vierte Lektion: Schreibe den Tieren keine typisch menschlichen Charakteristiken zu. Fünfte Lektion: Nicht jeder kann Yves Coppens werden. Heute würde ich gern noch eine weitere hinzufügen. Sechste Lektion – erteilt wird sie uns von Lamarck, dem französischen Naturwissenschaftler, vor knapp zwei Jahrhunderten: »Mit seinem Egoismus scheint der Mensch auf die Vernichtung der Mittel seiner Erhaltung und auf die Zerstörung seiner eigenen Art hinzuarbeiten. [...] Ihm ist es gelungen, dass inzwischen große Teile des Planeten kahl und steril sind, unbewohnbar und verlassen. Er hört nicht auf die Ratschläge der Erfahrung, sondern gibt sich seinen Leidenschaften hin, führt beständig Krieg mit seinesgleichen und zerstört sie überall [...]. Man könnte meinen, der Mensch hätte sich zum Ziel gesetzt, sich selbst auszulöschen und die Welt unbewohnbar zu machen.«[6]

Es ist höchst betrüblich zu sehen, dass der Mann schon vor fast 200 Jahren den katastrophalen Einfluss des Menschen auf den Planeten festgehalten hat. Zum Glück für seinen traurig visionären Geist musste er dem Schlimmsten, das bevorstand, nicht beiwohnen. 200 Jahre trennen uns von den Alarmglocken, die Lamarck damals schon aufschrillen ließ, um heute zur gleichen Schlussfolgerung zu kommen, in der tiefsten Gleichgültigkeit letzten Endes, glaubt man dem schrecklichen Ausbleiben an bedeutenden Entscheidungen hinsichtlich des Planeten und der völligen Unkenntnis der Biodiversitätskonvention (CBD), die fast 200 Staaten vereint. Alle Arten, darunter auch unsere, würden es verdienen, besser behandelt zu werden. Die tierische Intelligenz ist eine Tatsache, wie dieses Buch zeigt. Und dabei habe ich Ihnen noch nichts von den Fähigkeiten der Selbstmedikation erzählt, zu der die Tiere fähig sind. Viele Arten wie Elefanten, Schimpansen, Bienen, Vögel oder Eidechsen wissen, was sie essen müssen, damit sie sich besser fühlen, wie sie sich vor gewissen Krankheiten schützen, Parasiten, Bakterien oder Viren abtöten oder auch besser verdauen.[7] Ich habe Ihnen auch noch nicht von den unzähligen Beispielen der Täuschung erzählt, die sie einsetzen, wie dieses Schimpansenweibchen, das sich in aller Stille mit einem nicht dominanten Männchen paart, damit der Anführer sie nicht entdeckt, oder auch diese kleinen Tintenfischmännchen, die das Aussehen von Weibchen annehmen, um den Angriffen von großen Männchen vorzubeugen, oder aber einerseits eine männliche Färbung annehmen, um zu verführen, andererseits eine weibliche Färbung, damit die Wachsamkeit von anderen aggressiven Männchen nachlässt.[8] Dafür bräuchte es ein weiteres ganzes Buch ...

Jetzt erstmal ist es höchste Zeit zu verstehen, wie absurd es ist, beweisen zu müssen, dass Tiere intelligent sind. Dabei komme ich noch nicht einmal auf das Verhalten aller intelligenten Tiere zu sprechen, die wir nicht sehen, aus Unkenntnis oder weil wir nicht in ihre Welt vorgedrungen sind. Genauso müsste man das Leben, die Rechte und die Intelligenz von Haustieren und gezüchteten Tieren neu denken, deren Wohlergehen und Leiden manchmal ignoriert werden.[9] Und ganz bestimmt muss man auch eine andere Sichtweise einnehmen in der Art und Weise, wie wir sie zu erforschen suchen. Wir müssen uns auf ihre Ebene begeben, den Fokus von uns nehmen, genau wie die Erde zugunsten der Sonne durch Kopernikus ihre zentrale Stellung verlor.[10]

## Fazit

Nicht alles dreht sich um den Menschen ... Wir tun uns schwer damit, diese Hierarchie hinter uns zu lassen, die die Evolution permanent als etwas illustriert, das mit dem Auftauchen der menschlichen Art gekrönt wurde. Wir alle sollten eine sich auffächernde, zufällige Wahrnehmung der Evolution haben, und die Intelligenz dürfte sich dieser Wahrnehmung nicht entziehen. Intelligenz als Evolution: Sie entwickelt sich in alle Richtungen. Es hat nicht notwendigerweise eine zunehmende Komplexität im Lauf der Evolution gegeben. Der Beweis: Ein Goldfisch besitzt sehr viel mehr Knochen im Kopf als ein Mensch. In dieser Hinsicht ist er also komplexer, obwohl seine Ursprünge sehr viel weiter zurückgehen als die des Menschen. Dasselbe gilt für manche Vögel, die trotz eines kleineren Gehirns über mehr Neuronen als Primaten verfügen, die nach ihnen aufgetaucht sind. Alle Arten sind anders. Oder: Die Ursprünge der Intelligenz sind zahlreich. Die Intelligenz hat sich bestimmt nicht systematisch entwickelt, um eine besondere Funktion zu erfüllen, sondern manchmal vielleicht rein zufällig wie andere Funktionen auch. Bei einem Punkt bin ich mir jedoch ganz sicher: Keine Art ist intelligenter als eine andere, da hilft es auch nicht, nur ein einziges Kriterium zu betrachten und den Kontext außer Acht zu lassen. Nichts im Bereich der Intelligenz ergibt einen Sinn, es sei denn, man betrachtet sie im Licht der Evolution.[11]

# Danksagung

Mein Dank geht als Erstes an Odile Jacob, die dieses Projekt angenommen hat, und an Marie-Lorraine Colas, die mich dabei unterstützt hat, dieses Werk zu verbessern und es aussagekräftiger zu machen. Ich hoffe sehr, wieder mit ihr arbeiten zu dürfen. Dann danke ich Jeanne Pérou ganz herzlich, unter anderem für ihre Hilfe bei der Organisation und Aufbereitung der Abbildungen. Vielen Dank all denen, die zur Gestaltung und zur Veröffentlichung dieses Buches beigetragen haben.

Mein herzlichster Dank gilt natürlich Yves Coppens einerseits für sein Vorwort, aber auch dafür, eine so ausschlaggebende und andauernde Präsenz für meine Berufung zu sein.

Auch meinen Kollegen möchte ich aufrichtig dafür danken, mich in meiner interdisziplinären Vorgehensweise unterstützt zu haben, mich mit Wissen aus ihren Fachgebieten bereichert zu haben, sodass ich jetzt davon profitieren darf.

Auch danke ich allen Zoodirektoren und ihren Angestellten für die Aufnahme bei ihnen (Vallée des Singes, La Palmyre, Beauval).

Auch meinen ganzen Studentinnen und Studenten, die sich den gleichen Fragestellungen und Experimenten widmen wie ich und ihre Wertschätzung teilen, bin ich sehr dankbar.

Natürlich muss ich mich auch ganz herzlich und voller Bewunderung bei allen pelzigen, haarigen und gefiederten Tieren bedanken, die bei meinen Versuchen beteiligt waren.

Ein ganz besonderer Gruß geht an meine Eltern, die mir die Freiheit, das Über-sich-selbst-Hinauswachsen und die Leidenschaft weitergegeben haben. Meinem Bruder danke ich für seine Ambitionen und seine Verrücktheit. Tausend Grüße an meine Großeltern mütterlicherseits für die Werte, die sie für immer weitergegeben haben. Und ein herzlicher Dank an meinen Onkel und meine Tante mütterlicherseits für ihre beständige Unterstützung.

Und ganz zum Schluss grüße ich von ganzem Herzen meinen kleinen Alexander, der mich zwingt, das Leben mit noch mehr Verwunderung und Entzücken zu betrachten.

# Literaturverzeichnis

## Einleitung

1. Primatologen beschreiben mit dem Begriff »Habituation« die benötigte Dauer, bis die zu untersuchende Gruppe sich an ihre Gegenwart gewöhnt und sie sich ihr nähern und sie beobachten können.
2. Siehe Deary I. J., *Intelligenz: Eine sehr kurze Einführung*, Huber, 2013. Eine weitere, weit verbreitete und etwas genauere Definition erachtet die Intelligenz als eine Adaptation an eine spezifische Situation, die mit der Erforschung und Manipulation der allgemeinen physischen Kausalität verbunden ist (Parker S. T. und Gibson K. R., »Object manipulation, tool use and sensorimotor intelligence as feeding adaptations in cebus monkeys and great apes«, *Journal of Human Evolution*, 1977, 6, S. 623-641).
3. Byrne, R. *The Thinking Ape: Evolutionary Origins of Intelligence*, Halftones, 1995.

## KAPITEL 1
Die Intelligenz, eine rein menschliche Besonderheit?

1. Wood B., Richmond B. G., »Human evolution: Taxonomy and paleobiology«, *Journal of Anatomy*, 2000, 196, S. 19-60.
2. Wildman D. E., Goodman M., *Humankind's Place in a Phylogenetic Classification of Living Primates*, 2004, Kluwer Academic Pub-

lishers, 2004, S. 293-311; Goodman M., Porter C. A., Czelusniak J., Page S. L., Schneider H., Shoshani J., Gunnell G., Groves C. P., »Toward a phylogenetic classification of primates based on DNA evidence complemented by fossil evidence«, *Mol. Phylogenet. Evol.*, 1998, 9, S. 585-598.

3. Lecointre G., Le Guyader H., Visset D., *La Classification phylogénétique du vivant*, Paris, Berlin, 2006.
4. Dugas-Ford J., Rowell J. J., Ragsdale C. W., »Cell-type homologies and the origins of the neocortex«, *PNAS USA*, 2012, 109 (42), S. 16974-16979.
5. Herculano-Houzel S., »The human brain in numbers: A linearly scaled-up primate brain«, *Frontiers in Human Neuroscience*, 2009, 3 (31), S. 1-11.
6. Olkowicz S., Kocourek M., Lucan R. K., Portes M., Fitch W. T., Herculano-Houez S., Nemec P., »Birds have primate-like numbers of neurons in the forebrain«, *PNAS*, 2016, doi:10.1073.
7. Hirasaki E., Ogihara N., Hamada Y., Kumakura H., Nakatsukasa M., »Do highly trained monkeys walk like humans? A kinematic study of bipedal locomotion in bipedally trained Japanese macaques«, *J. Hum. Evol.*, 2004, 46 (6), S. 739-750.
8. Napier J. R., »Fossil hand bones from Olduvai Gorge«, *Nature*, 1962, 196, S. 409-411; Leakey L. S. B., Tobias P. V., Napier J. R., »A new species of the genus *Homo* from Olduvai Gorge«, *Nature*, 1964, 202 (4927), S. 7-9.
9. Beck B. B., *Animal Tool Behaviour: The Use and Manufacture of Tools by Animals*, Garland Press, 1980; Bentley-Condit V. K., Smith E. O., »Animal tool use: Current definitions and an updated comprehensive catalog«, *Behaviour*, 2009, 147, S. 185-221; Shumaker R. W., Walkup K. R., Beck B. B., Burghardt G. M., *Animal Tool Behavior: The Use and Manufacture of Tools by Animals*, The Johns Hopkins University Press, Baltimore, 2011.
10. Beck B. B., *Animal Tool Behaviour: The Use and Manufacture of Tools by Animals*, Garland Press, 1980.
11. Semaw S., Renne P., Harris J. W. K., Feibel C. S., Bernor R. L., Fesseha N., Mowbray K., »2.5-million-year-old stone tools from Gona, Ethiopia«, *Nature*, 1997, 385, S. 333-336.

## Literaturverzeichnis

12. Diese Gruppe beinhaltet die Gattung *Homo* (Menschen), *Pan* (Schimpansen), *Gorilla* (Gorillas) und ihre Vorfahren (Australopithecus, Ardipithecus …). Siehe Fleagle J. G., *Primate Adaptation and Evolution*, Academic Press, 2013 (3. Ausgabe).
13. McPherron S. P. et al., »Evidence for stone-tool-assisted consumption of animal tissues before 3.39 million years ago at Dikika, Ethiopia«, *Nature*, 2010, 466, S. 857-860.
14. Harmand S. et al., »3.3-million-year-old stone tools from Lomekwi 3, West Turkana, Kenya«, *Nature*, 2015, 521, S. 310-315.
15. Tocheri M. W., Orr C. M., Jacofsky M. C., Marzke M. W., »The evolutionary history of the hominin hand since the last common ancestor of *Pan* and *Homo*«, *Journal of Anatomy*, 2008, 212, S. 544-562.
16. Unter »obere Gliedmaße« verstehen wir Arm (inklusive Oberarmknochen), Unterarm (inklusive Elle, Speiche und Ellenbogenbein), Handgelenk und Hand.
17. Ward C. V., »Interpreting the posture and locomotion of Australopithecus afarensis Where do we stand?«, *Am J. Phys. Anthropol.*, 2002, suppl. 35, S. 185-215.
18. Darwin C., *Die Abstammung des Menschen und die geschlechtliche Zuchtwahl*. In: Ch. Darwin's gesammelte Werke, Bd. 5 & 6, Schweizerbart'sche Verlagsbuchhandlung, 2009.
19. Aristoteles, *Über die Teile der Lebewesen*, Akademie Verlag, 2007.
20. Thieme H., »Paleolithic hunting spears from Germany«, *Nature*, 1997, 385, S. 807-810; Schoch W. H., Bigga G., Böhner U., Richter P., Terberger T., »New insights on the wooden weapons from the Paleolithic site of Schöningen«, *Journal of Human Evolution*, 2015, 89, S. 214-225.
21. Pouydebat E., Reghem E., Borel A., Gorce P., »Diversity of grip in adults and young humans and chimpanzees *(Pan troglodytes)*«, *Behavioural Brain Research*, 2011, 218 (1-17), S 21-28.
22. Panger M.A., Brooks A. S., Richmond B. G. et al., »Than the Oldowan? Rethinking the emergence of hominin tool use«, *Evolutionary Anthropology*, 2002, 11, S. 235-245.

23. Kivell T. L. et al., »*Australopithecus sediba* hand demonstrates mosaic evolution of locomotor and manipulative abilities«, Science, 2011, 333, S. 1411-1417.
24. Die Originalfotos der Primaten stammen aus: Almécija S., Moyà-Solà S., Alba D. M., »Early origin for human-like precision grasping: A comparative study of pollical distal phalanges in fossil hominins«, *PLoS ONE*, 2010, 5 (7), e11727. Das Foto von Sues Fingerglied stammt aus: *Télérama, hors-série Dinosaures, attention, ils reviennent*, 2010.
25. Fabre A. C., Cornette R., Slater G., Argot C., Peigné S., Goswami A., Pouydebat E., »Getting a grip on the evolution of grasping in carnivores: A three-dimensional analysis of forelimb shape«, *Journal of Evolutionary Biology*, 2013, 26 (7), S. 1521-1535.
26. Peckre L., Fabre A.-C., Wall C.-E., Brewer D., Ehmke E., Haring D., Shaw E., Welser K., Pouydebat E., »Holding on: Co-evolution between infant carrying and grasping behaviour in strepsirrhines«, *Science Reports*, 2016, 6.
27. Herrel A., Perrenoud M., Decamps T., Abdala V., Manzano A., Pouydebat E., »The effect of substrate diameter and incline on locomotion in an arboreal frog«, *Journal of Experimental Biology*, 2013, 216, S. 3599-3605; Toussaint S., Herrel A., Ross C. F., Aujard F., Pouydebat E., »The use of substrate diameter and orientation in the context of food type in the mouse lemur, *Microcebus murinus*: Implications for the origins of grasping in primates«, *International Journal of Primatology*, 2015, 36 (3), S. 583-604.
28. Boesch C., Boesch H. B., »Optimization of nut cracking with natural hammers by wild chimpanzees«, *Behaviour*, 1983, 3 (4), S. 265-286; Fragaszy D. M., Visalberghi E., Fedigan L. M., *The Complete Capuchin: The Biology of the Genus Cebus*, Cambridge University Press, 2004.
29. Thomas P., Pouydebat E., Brazidec M., Aujard F., Herrel A., »Determinants of pull strength in captive grey mouse lemur«, *Journal of Zoology*, 2015, DOI 10.111/jzo.12292.
30. Pouydebat E., Gorce P., Coppens Y., Bels V., »Substrate optimization in nuts cracking by capuchin monkeys«, *Am. J. Primatol.*, 2006, 68 (10), S. 1017-1024; Pouydebat E., Borel A., »Preliminary observation

of nut and coconut cracking open among capuchin monkeys: Proto tool-use costs and benefits«, Congreso International de Arqueología Experimental, 2011.

31. Schick K. D., Toth N., Garufi G., »Continuing investigations into the stone tool-making and tool-using capabilities of a Bonobo *(Pan paniscus)*«, *Journal of Archaeological Science*, 1999, 26, S. 821-832; Toth N., Schick K. D., Savage-Rumbaugh E. S., Sevcik R. A., Rumbaugh D. M., »*Pan* the tool-maker: investigations into the stone tool-making and tool-using capabilities of a Bonobo *(Pan paniscus)*«, *Journal of Archaeological Science*, 1993, 20, S. 81-91.

32. Wright R. V., »Imitative learning of a flaked stone technology: The case of an orang utan«, *Mankind*, 1972, 8 (4), S. 296-306.

33. Fragaszy D. M., Liu, Q., Wright B. W., Allen A., Brown C. W., »Wild bearded capuchin monkeys *(Sapajus libidinosus)* strategically place nuts in a stable position during nut-cracking«, *PLoS ONE*, 2013, 8 (2), E56182; Pouydebat E., Gorce P., Coppens Y., Bels V., »Substrate optimization in nuts cracking by capuchin monkeys«, *Am. J. Primatol.*, 2006, 68 (10), S. 1017-1024.

34. Pouydebat E., Bardo A., Canteloup C., Borel A., »Preliminary observation of coconut cracking open among capuchins monkeys and humans: Proto tool-use costs and benefits«, 25. Kongress der International Primatology Society, Hanoï, 2014.

35. Yamakoshi G., Myoma-Yamakoshi M., »New observations of ant-dipping techniques in wild chimpanzees at Bossou, Guinea«, Primates, 2004, 45, S. 25-32.

36. Malaivijitnond S, Lekprayoon C., Tandavanittj N., Panha S., Cheewatham C., Hamada Y., »Stone-tool usage by thai longtailed macaques *(M. fascicularis)*«, *Am. J. Primatol.*, 2007, 69, S. 227-233, Ottoni E. B., Izar P., »Capuchin monkey tool use: Overview and implications«, *Evolutionary Anthropology*, 2008, 17 (4), S. 171-178.

37. McGrew W. C., »Chimpanzee technology«, Science, 2008, 328, S. 579-580.

38. Gumert M. D., Kluck M., Malaivijitnond S., »The physical characteristics and usage patterns of stone axe and pounding hammers used by

long-tailed macaques in the Andaman Sea region of Thailand«, *Am. J. Primatol.*, 2009, 71, S. 594-608; Visalberghi E., Addessi E., Truppa V., Spagnoletti N., Ottoni E., Izar P., Fragaszy D., »Selection of effective stone tools by wild bearded capuchin monkeys«, *Curr. Biol.*, 2009, 19 (3), S. 213-217.
39. Pouydebat E., Berge C., Gorce P., »Fittings and use of branches as tools to extract food by captive gorillas«, *Folia Primatologica*, 2005, 76, S. 180-183.
40. Navas-Sanchez, F. et al., »White matter micro-structure correlates of mathematical giftedness and intelligence quotient«, *Hum. Brain Mapp.*, 2014, 35 (6), S. 2619-2631; Song M. et al., »Brain spontaneous functional connectivity and intelligence«, *NeuroImage*, 2008, 41 (3), S. 1168-1176.
41. Gabora L., Russon A., »The evolution of human intelligence«, in: R. Sternberg und S. Kaufman (Hrsg.), *The Cambridge Handbook of Intelligence*, Cambridge University Press, 2011, S. 328-350.
42. Santos L. R., Mahajan N., Barnes J. L., »How prosimian primates represent tools: Experiments with two lemur species *(Eulemur fulvus* and *Lemur catta)*«, *Journal of Comparative Psychology*, 2015, 119 (4), S. 394-403.

## KAPITEL 2
Wer ist der Beste?

1. Tomasello M., Call J., *Primate Cognition*, Oxford University Press, 1997.
2. Whiten A., Goodall J., McGrew W. C., Nishida T., Reynolds V., Sugiyama Y., Tutin C. E. G., Wrangham R. W., Boesch C., »Cultures in chimpanzees«, *Nature*, 1999, 399, S. 682-685.
3. Fragaszy D., Visalberghi E., Fedigan L., *The Complete Capuchin*, Cambridge University Press, 2004.
4. Van Schaik C. P., Deaner R. O., Merrill M. Y., »The conditions for tool-use in primates: Implications for the evolution of material culture«, *Journal of Human Evolution*, 1999, 36, S. 719-741.

5. Masataka N., Koda H., Urasopon N., Watanabe K., »Free-ranging Macaque mothers exaggerate tool-using behavior when observed by offspring«, *PLoS ONE*, 2009, 4 (3), e4768, doi:10.
6. Fragaszy D., Visalberghi E., Fedigan L., *The Complete Capuchin*, Cambridge University Press, 2004.
7. Perrenoud M., Herrel A., Borel A., Pouydebat E., »Strategies of food detection in a captive cathemeral lemur, *Eulemur rubriventer*«, *Belgium J. Zool.*, 2015, 145 (1), S. 69-75.
8. Santos L. R., Mahajan N., Barnes J. L., »How prosimian primates represent tools: Experiments with two lemur species (*Eulemur fulvus* and *Lemur catta*)«, *Journal of Comparative Psychology*, 2015, 119 (4), S. 394-403.
9. Fabre A. C., Cornette R., Slater G., Argot C., Peign. S., Goswami A., Pouydebat E., »Getting a grip on the evolution of grasping in carnivores: A three-dimensional analysis of forelimb shape«, *Journal of Evolutionary Biology*, 2013, 26 (7), S. 1521-1535.
10. Diese Experimente wurden von Ameline Bardo, einer meiner Doktorandinnen, durchgeführt.
11. Bardo A., Pouydebat E., Meunier H., »Do bimanual coordination, tool use, and body posture contribute equally to hand preferences in bonobos?«, *J. Hum. Evol.*, 2015, 82, S. 159-169 Bardo A., Borel A., Meunier H., Guery J.-P., Pouydebat E., »Behavioral and functional strategies during tool use in bonobos (*Pan paniscus*)«, *American Journal of Physical Anthropology*, 2016, doi:10.1002.

## KAPITEL 3
Ohne Daumen, ohne Hände,
ohne Cortex und Skelett!

1. Beck B. B., *Animal Tool Behavior: The Use and Manufacture of Tools*, Garland Press, New York, 1980.
2. Okanoya K., Tokimoto N., Kumazawa N., Nihara S., Iriki A., Ferrari P. F., »Tool-use training in a species of redent: The emergence of an

optimal motor strategy and functional understanding«, *PLoS ONE*, 2008, 3 (3), S. 1860.
3. Bolwig N., »An intelligent tool-using baboon«, *S. Afr. J. Sci.*, 1961, 57, S. 147-152.
4. Bauer H., »Use of tools by lions in Waza National Park, Cameroon«, *Afr. J. Ecol.*, 2011, 39, S. 317.
5. Deecke V. B., »Tool-use in the brown bear *(Ursus arctos)*«, *Anim. Cogn.*, 2012, 15, S. 725-730.
6. Chevalier-Skolnikoff S., Liska, J. O., »Tool use by wild and captive elephants«, *Animal Behaviour*, 1993, 46 (2), S. 209-219.
7. Hart B. L., Hart L. A., »Fly switching by Asian elephants: Tool use to control parasites«, *Animal Behaviour*, 1994, 48 (1), S. 35-45.
8. Gould J. L., Gould C. G., *Bewusstsein bei Tieren*, Spektrum Akademischer Verlag, 1997.
9. Lefebvre L., Nicolakakis N., Boire D., »Tools and brains in birds«, *Behaviour*, 2002, 139, S. 939-973.
10. Beck B. B., *Animal Tool Behavior: The Use and Manufacture of Tools*, Garland Press, New York, 1980.
11. Bartlett D., Bartlett J., »The incredible flight of the snow goose«, *Animals*, 1973, 15, S. 4-6.
12. Antevs A., »Behaviour of the gila woodpecker, ruby-crowned kinglet, and broadtailed humming bird«, *Condor*, 1948, 50, S. 91-92.
13. Dick J. A., Fenton M. B., »Tool-using by a black eagle?«, *Bokmakierie*, 1979, 31, S. 17.
14. Crook J. H., »Nest form and construction in certain West African weaver-birds«, *Ibis*, 1960, 102, S. 1-25.
15. Endler J., Endler L., Doerr N., »Great bowerbirds create theaters with forced perspective when seen by their audience«, *Curr. Biol.*, 2010, 20 (18), S. 1679-1684.
16. Hunt G. R., »Manufacture and use of hook-tools by New Caledonian crows«, *Nature*, 1996, 379, S. 249-251; Hunt G. R., Gray R. D., »Direct observations of pandanus-tool manufacture and use by a New Caledonian crow *(Corvus moneduloides)*«, *Animal Cognition*, 2004, 7, S. 114-120.

## Literaturverzeichnis

17. Seed A., Byrne R., »Animal tool-use«, *Curr. Biol.*, 2010, 20 (23), R1032-R1039.
18. Wimpenny J. H., Weir A. A. S., Clayton L., Rutz C., Kacelnik A., »Cognitive processes associated with sequential tool use in New Caledonian crows«, *PLoS ONE*, 2009, 4 (8), e6471; Taylor A. H., Medina F., Holzhaider J. C., Hearne L., Hunt G. R., Gray R. D., »An investigation into the cognition behind spontaneous string pulling in New Caledonian crows«, *PLoS ONE*, 2010, 5, e9345.
19. Wimpenny J. H. Weir A. A., Kacelnik A., »New Caledonian crows use tools for non-foraging activities«, *Animal Cognition*, 2011, 14(3), S. 459-464.
20. Weir A. A. S., Chappell J., Kacelnik A., »Shaping of hooks in New Caledonian crows«, *Science*, 2002, 297, S. 981.
21. Einfach ausgedrückt: Der Anthropozentrismus ist eine philosophische Betrachtungsweise, die den Menschen als bedeutendste und im Mittelpunkt des Universums stehende Wesenheit erachtet. In anderen Worten: Nichts ist besser als der Mensch, und alles bezieht sich auf ihn.
22. Liedtke J., Schneider J. M., »Association and reversal learning abilities in a jumping spider«, *Behavioural Processes*, 2014, 103, S. 192-198.
23. Costa G., Petralia A., Conti E., Hanel C., »A ‚mathematical' spider living on gravel plains of Namib Desert«, *Journal of Arid Environments*, 1995, 29, S. 485-494.
24. Henschel J. R., »Tool use by spiders: Stone selection and placement by corolla spiders *Ariadna (Segestriidae)* of the Namib Desert«, *Ethology*, 1995, 101 (3), S. 187-199.
25. Prozesky-Schulze L., Prozesky O. P. M., Anderson F., Vandermerwe G. J. J., »Use of a self-made sound baffle by a tree cricket«, *Nature*, 1975, 255, S. 142-143.
26. Pierce J. D. J., »A review of tool use in insects«, *The Florida Entomologist*, 1986, 69, S. 95-104.
27. Evans H. E., West-Eberhard M. J., *The Wasps*, University of Michigan Press, 1970.

28. Banschbach V. S., Brunelle A., Bartlett K. M., Grivetti J. Y., Yeamans R. L., »Tool use by the forest ant *Aphaenogaster rudis*: Ecology and task allocation«, *Insect Soc.*, 2006, 53, S. 463-471.
29. Maák I., Lörinczi G., Le Quinquis P., Módra G., Bovet D., Call J., Ettorre P. d', »Tool selection during foraging in two species of funnel ants«, *Animal Behaviour*, 2017, 123, S. 207-216.
30. Barber J. T., Ellgaard E. G., Thien L. B., Stack A. E., »The use of tools for food transportation by the imported fire ant, *Solenopsis invicta*«, *Animal Behaviour*, 1999, 38, S. 550-552; Morrill W. L., »Tool using behaviour of *Pogonomyrmex badius (Hymenoptera: Formicidae)*«, *Fla Entomol.*, 1989, 55, S. 59-60.
31. Steiner F. M., Schlick-Steiner B. C., VanDerWal J., Reuther K. D., Christian E., Stauffer C., Suarez A. V., Williams S. E., Crozier R. H., »Combined modelling of distribution and niche in invasion biology: A case study of two invasive *Tetramorium* ant species«, *Divers. Distrib.*, 2008, 14, S. 538-545.
32. Hölldobler B., Wilson E. O., *Ameisen*, Piper, 2001.
33. Barton K. E., Sanders N. J., Gordon D. M., »The effects of proximity and colony age on interspecific interference competition between the desert ants *Pogonomyrmex barbatus* and *Aphaenogaster cockerelli*«, *Am. Midl. Nat.*, 2002, 148, S. 376-382.
34. Mora C., Tittensor D., Adl S., Simpson A., Worm B., »How many species are there on Earth and in the ocean?«, *PLoS Biol.*, 2011, 9, e1001127.
35. McGrew W. C., »Is primate tool use special? Chimpanzee and New Caledonian crow compared«, Philosophical Transactions of the Royal Society of London, Series B, 2013, 368, 20120422.
36. Mann J., Patterson E. M. »Tool use by aquatic animals«, *Philosophical Transactions of the Royal Society of London, Series B, Biological Sciences*, 2013, 368, 20120424.
37. Pitman R., Durban J., »Cooperative hunting behavior, prey selectivity and prey handling by pack ice killer whales *(Orcinus orca)*, type B, in Antarctic Peninsula waters«, *Mar. Mamm. Sci.*, 2012, 28, S. 16-36.

## Literaturverzeichnis

38. Wiley D., Ware C., Bocconcelli A., »Underwater components of humpback whale bubble-net feeding behavior«, *Behaviour*, 2011, 148, S. 575-602.
39. Torres L. G., Read A. J., »Where to catch a fish? The influence of foraging tactics on the ecology of bottlenose dolphins *(Tursiops truncatus)* in Florida Bay, Florida«, *Mar. Mamm. Sci.*, 2009, 25, S. 797-815.
40. Smolker R. A., Richards A. F., Connor R. C., Mann J., Berggren P., »Sponge carrying by dolphins *(Delphinidae, Tursiops sp.)*: A foraging specialization involving tool use?«, *Ethology*, 103, S. 454-465.
41. Perry J. A., *Variation in the Frequency of Tool Use Across and Within Sea Otter* (Enhydra lutris) *Populations, thèse de biologie*, University of Californa, Santa Cruz, 2012, S. 55.
42. Riedman M., Estes J., »The sea otter *(Enhydra lutris)*: behavior, ecology, and natural history«, *US Fish Wildl. Ser. Biol. Rep.*, 1990, 90, S. 1-127.
43. Estes J. A., Riedman M. L., Staedler M. M., Tinker M. T., Lyon B. E., »Individual variation in prey selection by sea otters: Patterns, causes and implications«, *J. Anim. Ecol.*, 2003, 72, S. 144-155.
44. Motta P. J., Huber D. R., »Prey capture behavior and feeding mechanics of elasmobranchs«, in: J. C. Carrier, J. A. Musick und M. R. Heithaus (Hrsg.), *Biology of Sharks and Their Relatives*, 2012, Taylor and Francis, S. 153-210.
45. Miller R., Jearld A., »Behavior and phylogeny of fishes of the genus Colisa and the family *Belontiidae*«, *Behaviour*, 1982, 83, S. 155-185.
46. Schuster S., Rossel S., Schmidtmann A., »Archerfish learn to compensate for complex optical distortions to determine the absolute size of their aerial prey«, *Curr. Biol.*, 2004, 14, S. 1565-1568.
47. Keenleyside M. H. A., *Diversity and Adaptation in Fish Behavior*, Springer, 1979.
48. Bernardi G., »The use of tools by wrasses *(Labridae)*«, *Coral Reefs*, 2012, 31 (1), S. 39.
49. Dinets V., Brueggen J. C., Brueggen J. D., »Crocodilians use tools for hunting«, *Ethology Ecology & Evolution*, 2015, 27 (1), S. 74-78.
50. Darmaillacq A.-S., Dickel L., Mather J. (Hrsg.), *Cephalopod Cognition*, Cambridge University Press, 2014.

51. Lane F. W., *Kingdom of the Octopus: The Life History of the Cephalopoda*, Jarrold, 1960.
52. Finn J. K., Tregenza T., Norman M. D., »Defensive tool use in a coconutcarrying octopus«, *Curr. Biol.*, 2009, 19, R1069-R1070.
53. Mather J. A., »Cognition in cephalopods«, *Adv. Stud. Behav.*, 1995, 24, S. 317-353.
54. Thanh P. D., Wada K., Sato M., Shirayama Y., »Effects of resource availability, predators, conspecifics and heterospecifics on decorating behaviour by the majid crab *Tiarinia cornigera*«, *Mar. Biol.*, 2005, 147, S. 1191-1199.
55. Ross D., »Protection of hermit crabs *(Dardanus spp.)* from octopus by commensal sea anemones *(Calliactis spp.)*«, *Nature*, 1971, 230, S. 401-402.
56. Dumont C., Drolet D., Deschenes I., Himmelman J., »Multiple factors explain the covering behaviour in the green sea urchin, *Strongylocentrotus droebachiensis*«, *Anim. Behav.*, 2007, 73, S. 979-986.
57. Meulman E. J. M., Seed A. M., Mann J., »If at first you don't succeed ... Studies of ontogeny shed light on the cognitive demands of habitual tool use«, *Phil. Trans. R. Soc. B.*, 2013, 368, 20130050.

# KAPITEL 4
Technik und Kreativität

1. Köhler W., *Intelligenzprüfungen an Anthropoiden*, Königlich Preußische Akademie der Wissenschaften, 1917; Thorpe W. H., *Learning and Instinct in Animals*, Harvard University Press, 1964 (2. Auflage).
2. Oakley K., *Man the Tool-Maker*, University of Chicago Press, 1976.
3. Taylor A. H., Gray R. D., »Is there a link between the crafting of tools and the evolution of cognition?«, *WIREs Cognitive Science*, 2014, 5 (6), S. 693-703.
4. Lefebvre L., Nicolakakis N., Boire D., »Tools and brains in birds«, *Behaviour*, 2002, 139, S. 939-973; Reader S. M., Laland K. N., »Social intelligence, innovation, and enhanced brain size in primates«, *Proc. Natl Acad. Sci. USA*, 2002, 99, S. 4436-4441.

5. Parker T. S., Gibson R., »A developmental model for the evolution of language and intelligence in early hominids«, *The Behavioral and Brain Sciences*, 1979, 2, S. 367-381.
6. Lonsdorf E. V. »What is the role of mothers in the acquisition of termite-fishing behaviors in wild chimpanzees?«, *Animal Cognition*, 2006, 9, S. 36-46; Biro D., Inoue-Nakamura N., Tonooka R., Yamakoshi G., Sousa C., Matsuzawa T., »Cultural innovation and transmission of tool use in wild chimpanzees: Evidence from field experiments«, *Animal Cognition*, 2003, 6 (4), S. 213-223.
7. Tebbich S., Taborsky M., Fessl B., Blomqvist D., »Do woodpecker finches acquire tool-use by social learning?«, *Proc. R. Soc. Lond. B.*, 2001, 268, S. 2189-2193.
8. Kenward B., Weir A. A. S., Rutz C., Kacelnik A., »Tool manufacture by naive juvenile crows«, *Nature*, 2005, 433, S. 121.
9. Schuster S., Wöhl S., Griebsch M., Klostermeier I., »Animal Cognition: How archer fish learn to down rapidly moving prey«, *Curr. Biol.*, 2006, 16, S. 378-383.
10. Mulcahy N. J., Call J., Dunbar R. I. M., »Gorillas and orangutans encode relevant problem features in a tool-using task«, *Journal of Comparative Psychology*, 2005, 119, S. 23-32; Wimpenny J. H., Weir A. A. S., Clayton L., Rutz C., Kacelnik A., »Cognitive processes associated with sequential tool use in New Caledonian crows«, *PLoS ONE*, 2009, 4 (8), e6471; Taylor A. H., Elliffe D., Hunt G. R., Gray R. D., »Complex cognition and behavioural innovation in New Caledonian crows«, *Proceedings of the Royal Society*, 2010, 277, S. 2637-2643.
11. Byrne R., *The Thinking Ape: Evolutionary Origins of Intelligence*, Oxford, Oxford University Press, 1995; Van Schaik C. P., Fox E. A., Sitompul A. F., »Manufacture and use of tools in wild Sumatran orangutans«, *Naturwissenschaften*, 1996, 83, S. 186-188; Reader S. M., Laland K. N., »Social intelligence, innovation, and enhanced brain size in primates«, *Proc. Natl Acad. Sci. USA*, 2002, 99, S. 4436-4441.
12. Pouydebat E., Borel A., Chotard H., Fragaszy D., »Hand preference during spontaneous various tasks in the tufted capuchins *(Cebus*

*apella)*«, *Animal Behaviour*, 2014, 97, S. 113-123; Pouydebat E., Gorce P., Coppens Y., Bels V., »Substrate optimization in nuts cracking by capuchin monkeys«, *Am. J. Primatol.*, 2006, 68 (10), S. 1017-1024.

13. Brunon A., Bovet D., Bourgeois A., Pouydebat E., »Motivation and manipulation capacities of the blue and yellow macaw and the tufted capuchin: a comparative approach«, *Behavioural Processes*, 2014, 107, S. 1-14.
14. Reader S. M., »Innovation and social learning: Individual variation and brain evolution«, *Animal Biology*, 2003, 53, S. 147-158.
15. Lefebvre L., Nicolakakis N., Boire D., »Tools and brains in birds«, *Behaviour*, 2002, 139, S. 939-973.
16. Reader S. M., Laland K. N., »Social intelligence, innovation, and enhanced brain size in primates«, *Proc. Natl Acad. Sci USA*, 2002, 99, S. 4436-4441.
17. Iriki A., »The neural origins and implications of imitation, mirror neurons and tool use«, *Curr. Opin. Neurobiol.*, 2006, 16, S. 660-667.
18. Medina L., Reiner A., »Do birds possess homologues of mammalian primary visual, somatosensory and motor cortices?«, *Trends in Neuroscience*, 2000, 23 (1), S. 1-12.
19. Emery N. J., Clayton N. S., »Tool use and physical cognition in birds and mammals«, *Curr. Opin. Neurobiol.*, 2009, 19 (1), S. 27-33.
20. Sultan F., »Why some bird brains are larger than others«, *Curr. Biol.*, 2005, 15, R649-R650.
21. Brow C., »Fish intelligence, sentience and ethics«, *Animal Cognition*, 2015, 18 (1), S. 1-17.
22. Brunon A., Bovet D., Bourgeois A., Pouydebat E., »Motivation and manipulation capacities of the blue and yellow macaw and the tufted capuchin: A comparative approach«, *Behavioural Processes*, 2014, 107, S. 1-14.
23. Seed A., Emery N., Clayton N., »Intelligence in corvids and apes: A case of convergent evolution?«, *Ethology*, 2009, S. 401-420.
24. Pouydebat E., Berge C., Gorce P., »Fittings and use of branches as tools to extract food by captive gorillas«, *Folia Primatologica*, 2005, 76, S. 180-183.

25. Shumaker R. W., Walkup K. R., Beck B. B., *Animal Tool Behavior. The Use and Manufacture of Tools by Animals*, The Johns Hopkins University Press, Baltimore, 2011; Sanz C. M., Call J., Boesch C., *Tool Use in Animals: Cognition and Ecology*, Cambridge University Press, 2013.
26. Dean L. G. et al., »Identification of the social and cognitive processes underlying human cumulative culture«, *Science*, 2012, 335, S. 1114-1118; Hecht, E. et al., »Acquisition of Paleolithic toolmaking abilities involves structural remodeling to inferior frontoparietal regions«, *Brain Struct. Funct.*, 2015, 220, S. 2315-2331; Henrich J., *The Secret of Our Success*, Princeton University Press, 2015; Stout D. et al., »Skill learning and human brain evolution: An experimental approach«, *Cambridge Archeological Journal*, 2015, 25, S. 867-875.
27. Van Schaik C. P., Deaner R. O., Merrill M. Y., »The conditions for tool use in primates: Implications for the evolution of material culture«, *Journal of Human Evolution*, 1999, 36, S. 719-741; Van Schaik C. P., Ancrenaz M., Borgen G., Galdikas B., Knott C. D. Singleton I., Suzuki A., Utami S. S., Merrill M., »Orangutan cultures and the evolution of material culture« *Science*, 2003, 299, S. 102-105 Kempe M., Lycett S. J., Mesoudi A., »From cultural traditions to cumulative culture: Parameterizing the differences between human and nonhuman culture«, *Journal of Theoretical Biology*, 2014, 359, S. 29-36.
28. Hansell M., *Bird Nests and Construction Behaviour*, Cambridge University Press, 2000; Hansell M., *Animal Architecture*, Oxford University Press, 2005.

## KAPITEL 5
Wie schafft man es, zum richtigen Zeitpunkt am richtigen Ort zu sein?

1. Coppens Y., *Die Wurzeln des Menschen*, Ullstein, 1987.
2. Der Lebensraum ist der für das Tier verfügbare und im Lauf seiner Aktivitäten genutzte Bereich. Das Revier ist der Teil des Lebensraums, der gegen das Eindringen eines Artgenossen verteidigt wird.

3. Van Schaik C. P., Damerius L., Isler K., »Wild orangutan males plan and communicate their travel direction one day in advance«, *PLoS ONE*, 2013, 8 (9), e74896, doi:10.1371/journal.pone.0074896.
4. Normand E., Boesch C., »Sophisticated Euclidean maps in forest chimpanzees«, *Animal Behaviour*, 2009, 77 (5), S. 1195-1201.
5. Tolman E. C. »Cognitive maps in rats and men«, *Psychological Review*, 1948, 55, S. 189-208.
6. Janmaat K. R. L., Ban S. D., Boesch C., »Chimpanzees use long-term spatial memory to monitor large fruit trees and remember feeding experiences across seasons«, *Animal Behaviour*, 2013, 86 (6), S. 1183-1205.
7. Inoue S., Matsuzawa T., »Working memory of numerals in chimpanzees«, *Curr. Biol.*, 2007, 17 (23), R1004.
8. Interessant ist festzustellen, dass die unglaublichen Fähigkeiten für das räumliche Erinnerungsvermögen bei Schimpansen mit zunehmendem Alter abnehmen, was bestimmt mit der Degeneration gewisser Gehirnbereiche zusammenhängt.
9. Sherry D. F., Hoshooley J. S., »Neurobiology of spatial behavior«, in: K. A. Otter (Hrsg.), *The Ecology and Behavior of Chickadees and Titmice: An Integrated Approach*, Oxford University Press, 2007, S. 9-23; Raby C. R., Alexis D. M., Dickinson A., Clayton N. S., »Planning for the future by western scrub-jays«, *Nature*, 2006, 445, S. 919-921.
10. Brodin A., Ekman J., »Benefits of food hoarding«, *Nature*, 1994, 372, S. 510.
11. Tomback D. F., »Foraging strategies of Clark's nutcracker«, *Living Bird*, 1978, 16, S. 123-161.
12. Balda R. P., Kamil A. C., »Long-term spatial memory in Clark's nutcracker, *Nucifraga columbiana*«, *Anim. Behav.*, 1992, 44, S. 761-769.
13. Krebs J. R., Sherry D. F., Healy S. D., Perry V. H., Vaccarino A. L., »Hippocampal specialization of food-storing birds«, *Proc. Natl Acad. Sci. USA*, 1989, 86, S. 1388-1392.
14. Sherry D. F., Hoshooley J. S., »Seasonal hippocampal plasticity in food-storing birds«, *Phil. Trans. R. Soc. B.*, 2010, 365, S. 933-943.

## Literaturverzeichnis

15. Maguire E. A., Gadia N. G., Johnsrude I. S., Good C. D., Ashburner J., Frackowiak R. S., Fith C. D., »Navigation-related structural changes in the hippocampi of taxi drivers«, *PNAS*, 2000, 97 (8), S. 4398-4403.
16. Sherry D. F., Duff S. J., »Behavioural and neural bases of orientation in foodstoring birds«, *Journal of Experimental Biology*, 1996, 199, S. 165-172.
17. Leggett K. E. A., »Home range and seasonal movement of elephants in the Kunene Region, northwestern Namibia«, *African Zoology*, 2006, 41, S. 17-36; Viljoen P., »Spatial distribution and movements of elephants in the northern Namib Desert region of the Koakoveld, South West African/Namibia«, *Journal of Zoology*, 1989, 219, S. 1-19.
18. Dale R. H. I., »The spatial memory of African elephants *(Loxodonta african)*: Durability, interference, and response biases«, in: N. K. Innis (Hrsg.), *Reflections on Adaptive Behavior: Essays in Honor of J. E. R. Staddon*, MIT Press, 2008, S. 143-169; Hart B. L., Hart L. A., Pinter-Wollman N. P., »Large brains and cognition: Where do elephants fit in?«, *Neuroscience and Biobehavioral Reviews*, 2008, 32, S. 86-98.
19. Foley C. A. H., *The Effects of Poaching on Elephant Social Systems*, These, Princeton University, 2002.
20. McComb K. et al., »Elephants can determine ethnicity, gender, and age from acoustic cues in human voice«, *PNAS*, 2014, 111, S. 5433-5438.
21. Brown C., »Fish intelligence, sentience and ethics«, *Animal Cognition*, 2014, 18, S. 1-17.
22. White G., Brown C., »Site fidelity and homing behaviour in intertidal fishes«, *Mar. Biol.*, 2013, 160, S. 1365-1372.
23. Das ist nicht wissenschaftlich erwiesen. Es geht hier nur darum, eine Vorstellung zu vermitteln, was das für einen Menschen bedeuten könnte, da Grundeln zwischen zwei und zehn Zentimeter groß sind und je nach Gattung eine Lebenserwartung von einem bis zu zehn Jahren haben.
24. Collett T. S., Graham P., »Animal navigation: Path integration, visual landmarks and cognitive maps«, *Curr. Biol.*, 2004, 14, R475-R477.
25. Brown C., »Familiarity with the test environment improves escape responses in the crimson spotted rainbowfish, *Melanotaenia duboulayi*«, *Anim. Cogn.*, 2001, 4, S. 109-113.

26. Gee P., Stephenson D., Wright D. E., »Temporal discrimination learning of operant feeding in goldfish *(Carassius auratus)*«, *J. Exp. Anal. Behav.*, 1994, 62 (1), S. 1-13.
27. Jouventin P., Weimerskirch H., »Satellite tracking of wandering albatrosses«, *Nature*, 1990, 343, S. 746-748.
28. Visscher P. K., Seeley T. D., »Foraging strategy of honeybee colonies in a temperate deciduous forest«, *Ecology*, 1982, 63, S. 1790-1801.
29. Avarguèes-Weber A., Giurfa M., »Conceptual learning by miniature brains«, *Proc. R. Soc. B.*, 2013, 280, art. 20131907.
30. Hierzu alle Arbeiten von R. Wehner, zum Beispiel: Wehner R., Michel B., Antonsen P., »Visual navigation in insects: Coupling of egocentric and geocentric information«, *Journal of Experimental Biology*, 1996, 199, S. 129-140.
31. Wittlinger M., Wehner R., Wolf H., »The ant odometer: Stepping on stilts and stumps«, *Science*, 2006, 312 (5782), S. 1965-1967.
32. Wallace D. G., Hines D. J., Pellis S. M., Whishaw I. Q., »Vestibular information is required for dead reckoning in the rat«, *Journal of Neuroscience*, 2002, 22, S. 10009-10017.
33. Seyfarth E. A., Hergernröder R., Ebbes H., Barth F. G., »Idiothetic orientation of a wandering spider: Compensations of detours and estimates of goal distance«, *Behavioral Ecology and Sociobiology*, 1982, 11, S. 139-148.
34. Muheim R., Bäckman J., Akesson S., »Magnetic compass orientation in European robins is dependent on both wavelength and intensity of light«, *J. Exp. Biol.*, 2002, 205, S. 3845-3856; Schmidt-Koenig K., »The sun azimuth compass: One factor in the orientation of homing pigeons«, *Science*, 1960, 131, S. 826-828; Wiltschko R., Wiltschko W., »Avian magnetic compass: Its functional properties and physical basis«, *Curr. Zool.*, 2010, 56, S. 265-276.
35. Gould J. L., »Sensory bases of navigation«, *Curr. Biol.*, 1998, 8, R731-R738; Wallraff H. G., *Avian Navigation: Pigeon Homing as a Paradigm*, Springer, 2005.
36. Blaser N., Dell'Omo G., Dell'Ariccia G., Wolfer D. P., Lipp H. P., »Testing cognitive navigation in unknown territories: Homing pigeons

choose different targets«, *Journal of Experimental Biology*, 2013, 216, S. 3123-3131.
37. Cartron L., Darmaillacq A. S., Jozet-Alves C., Shashar N., Dickel L., »Cuttlefish rely on both polarized light and landmarks for orientation«, *Animal Cognition*, 15 (4), S. 591-596.
38. Manser M. B., »The acoustic structure of suricates' alarm calls varies with predator type and the level of response urgency«, *Proceedings of the Royal Society B.: Biological Sciences*, 2001, 268, S. 2315-2324.
39. Manser M. B., Bell M. B., »The spatial representation of shelter locations in meerkats«, *Anim. Behav.*, 2004, 68, S. 151-157.
40. Begall S., Cerveny J., Neef J., Vojtech O., Burda H., »Magnetic alignment in grazing and resting cattle and deer«, *Proc. Natl Acad. Sci. USA*, 2008, 105, S. 13451-13455; Cerveny J., Begall S., Koubek P., Novakova P., Burda H , »Directional preference may enhance hunting accuracy in foraging foxes«, *Biol. Lett.*, 2011, 7 (3), S. 355-357; Wang Y., Pan Y., Parsons S., Walker M. M., Zhang S., »Bats respond to polarity of a magnetic field«, *Proc. R. Soc. B.*, 2007, 274, S. 2901-2905.
41. Walker M. M., Dennis T. E., »Role of the magnetic sense in the distribution and abundance of marine animals«, *Ecol. Prog. Ser.*, 2005, 287, S. 295-307; Walker M. M., Kirschvink J. L., Ahmed G., Diction A. E., »Evidence that fin whales respond to the geomagnetic field during migration« *J. Exp. Biol.*, 1992, 171, S. 67-78.
42. Kremers D., López Marulanda J., Hausberger M., Lemasson A., »Behavioural evidence of magnetoreception in dolphins: Detection of experimental magnetic fields«, *Naturwissenschaften*, 2014, 101 (11), S. 907-911.
43. Wiltschko R., Wiltschko W., *Magnetic orientation in animals*, Springer, 1995.
44. Foa A., Basaglia F., Beltrami G., Carnacina M., Moretto E., Bertolucci C., »Orientation of lizards in a Morris water-maze: Roles of the sun compass and the parietal eye«, *J. Exp. Biol.*, 2009, 212, S. 2918-2924.
45. LaDage L. D., Roth T. C., Cerjanic A. M., Sinervo B., Pravosudov V. V., »Spatial memory: Are lizards really deficient?«, *Biology Letters*, 2012, 8, S. 939-941.

46. Siehe dazu die Arbeiten über Wespen von Tinbergen und seinem Team seit den Dreißigerjahren.
47. Smith M., Caron J. B., »Primitive soft-bodied cephalopods from the Cambrian«, *Nature*, 2010, 465, S. 469-472.
48. Alves C., Boal J. G., Dickel L., »Short-distance navigation in cephalopods: A review and synthesis«, *Cogn. Process.*, 2008, 9, S. 239-247.

## KAPITEL 6
Weitergeben oder nicht weitergeben?

1. Pouydebat E., Gorce P., Coppens Y., Bels V., »Substrate optimization in nuts cracking by capuchin monkeys«, *Am. J. Primatol.*, 2006, 68 (10), S. 1017-1024.
2. Für präzise Definitionen dieses Terminus siehe: Ramsey G., Bastian M. L., Van Schaik C., »Animal innovation defined and operationalized«, *Behavioral and Brain Sciences*, 2007, 30, S. 393-407; Reader S. M., Hager Y., Laland K. N., »The evolution of primate general and cultural intelligence«, *Phil. Trans. Roy. Soc. B.*, 2011, 366, S. 1017-1027.
3. McGrew W. C., »Culture in nonhuman primates?«, *Annual Review of Anthropology*, 1998, 27, S. 310-328.
4. Byrne R. W., *The Thinking Ape: Evolutionary Origins of Intelligence*, Oxford University Press, 1995; Rumbaugh D. M., Washburn D. A., *Intelligence of Apes and Other Rational Beings*, Yale University Press, 2003.
5. Van Schaik C. P., Pradhan G. R., »A model for tool-use traditions in primates: Implications for the coevolution of culture and cognition«, *Journal of Human Evolution*, 2003, 44, S. 645-664.
6. Lefebvre L., Reader S. M., Sol D., »Brains, innovations and evolution in birds and primates«, *Brain, Behavior and Evolution*, 2004, 63 (4), S. 233-246.
7. Boesch C., Boesch H., »Sex differences in the use of natural hammers by wild chimpanzees: A preliminary report«, *Journal of Human Evolution*, 1981, 10, S. 585-593; Matsuzawa T., »Field experiments on use of stone tools by chimpanzees in the wild«, in: R. W. Wrangham, W.

C. McGrew, F. B. M. de Waal, P. G. Heltne (Hrsg.), *Chimpanzee Cultures*, Harvard University Press, 1994.

8. Ducatez S., Clavel J., Lefebvre L., »Ecological generalism and behavioural innovation in birds: Technical innovation or the simple incorporation of new food?«, *Journal of Animal Ecology*, 2015, 84, S. 79-89; Sol, D., Sayol, F., Ducatez, S., Lefebvre, L., »The life-history basis of behavioural innovations«, *Phil. Trans. R. Soc. B.*, 2016, 371, art. 20150187.
9. Bird C. D., Emery N. J., »Rooks use stones to raise the water level to reach a floating worm«, *Curr. Biol.*, 2009, 19, S. 1410-1414.
10. Logan C. J., Jelbert S. A., Breen A. J., Gray R. D., Taylor A. H., »Modifications to the Aesop's fable paradigm change new Caledonian crow performances«, *PLoS ONE*, 2014, 9 (7), e103049.
11. Shettleworth S. J., *Cognition, Evolution and Behavior*, New York, Oxford University Press, 2010 (2. Auflage).
12. Burghardt G. M., »Play in fishes, frogs and reptiles«, *Curr. Biol.*, 2015, 25 (1), R9-R10.
13. Kuba M. J., Gutnick T., Burghardt G. M., »Learning from play in octopus«, in: A.-S. Darmaillacq, L. Dickel, J. Mather (Hrsg.), *Cephalopod Cognition*. Cambridge University Press.
14. Fisher J., Hinde R. A., »The opening of milk bottles by birds«, *Br. Birds*, 1949, 42, S. 347-357.
15. Kawai M., »Newly acquired pre-cultural behavior of the natural troop of Japanese monkeys on Koshima Isle«, *Primates*, 1965, 6, S. 1-30.
16. Romagny S., Darmaillacq A. S., Guibé M., Bellanger C., Dickel L., »Feel, smell and see in an egg: Emergence of perception and learning in an immature invertebrate, the cuttlefish embryo«, *Journal of Experimental Biology*, 2012, 215, S. 4125-4130.
17. Heyes C. M., »Social-learning in animals: Categories and mechanisms«, *Biological Reviews of the Cambridge Philosophical Society*, 1994, 69 (2), 207e231.
18. Van Schaik C. P., Burkart J. M., »Social learning and evolution: The cultural intelligence hypothesis«, *Philosophical Transactions of the Royal Society B: Biological Sciences*, 2011, 366 (1567), S. 1008-1016.

19. Hoppitt W., Laland K. N., »Social processes influencing learning in animals: A review of the evidence«, *Advances in the Study of Behavior*, 2008, 38, S. 105-165.
20. Prins H. H. T., *Ecology and Behaviour of the African Buffalo*, Chapman & Hall, 1996.
21. Kummer H., *Weiße Affen am Roten Meer*, Piper, 1992.
22. Pouydebat E., Bardo A., Canteloup C., Borel A., »Preliminary observation of coconut cracking open among capuchins monkeys and humans: proto tool-use costs and benefits«, 25. Kongress der International Primatology Society, Hanoï, August 2014.
23. Pratt S. C., »Collective Intelligence«, in: M. D. Breed, J. Moore (Hrsg.), *Encyclopedia of Animal Behavior*, Oxford, Academic Press, 2010, t. 1, S. 303-309.
24. D'Ettorre, P. »Learning and recognition of identity in ants«, in: R. Menezl, P. R. Benjamin (Hrsg.), *Invertebrate Learning and Memory*, Elsevier/Academic Press, 2013, S. 501-513.
25. Camazine S., Deneubourg J.-L., Franks N. R., Sneyd J., Theraulaz G., Bonabeau E., *Self-organization in Biological Systems*, Princeton University Press, 2001; Detrain C., Deneubourg J.-L., »Collective decision-making and foraging patterns in ants and honeybees«, *Advances in Insect Physiology*, 2008, 35, S. 123-173.
26. Theraulaz G. et al., »The formation of spatial patterns in social insects: From simple behaviours to complex structures«, *Phil. Trans. R. Soc. A.*, 2003, 361, S. 1263-1282.
27. Rendell L., Whitehead H., »Culture in whales and dolphins«, *Behavioral and Brain Sciences*, 2001, 24, S. 309-382.
28. Guinet C., Bouvier J., »Development of intentional stranding hunting techniques in killer whale *(Orcinus orca)* calves at Crozet Archipelago«, *Canadian Journal of Zoology*, 1995, 73, S. 27-33.
29. Van Schaik C. P., »Social learning and culture in animals«, in: P. M. Kappeler (Hrsg.), *Animal Behaviour: Evolution and Mechanisms*, Springer, 2010, S. 623-653; Robbins M. M., Ando C., Fawcett K. A., Grueter C. C., Hedwig D., Iwata Y. et al., »Behavioral variation in gorillas: Evidence of potential cultural traits«, *PLoS ONE*, 2016, 11 (9), e0160483.

30. Van Schaik C. P., Burkart J. M., »Social learning and evolution: The cultural intelligence hypothesis«, *Phil. Trans. R. Soc. B.*, 2011, 366, S. 1003-1016.
31. Jaeggi A., Dunkel L., van Noordwijk M. A., Wich S. A., Sura A. A. L., Van Schaik C. P., »Social learning of diet and foraging skills by wild immature Bornean orangutans: Implications for culture«, *Am. J. Primatol.*, 2010, 72, S. 62-71.
32. Krakauer E. B., *Development of Aye-Aye* (Daubentonia madagascariensis) *Foraging Skills: Independent Exploration and Social Learning*, Duke University, 2005.
33. Galef B. G., Whiskin E. E., »Interaction of social and individual learning in food preferences of Norway rats«, *Animal Behavior*, 2001, 62, S. 41-46.
34. Morimura N., Mori Y., »Effects of early rearing conditions on problem-solving skill in captive male chimpanzees *(Pan troglodytes)*«, *Am. J. Primatol.*, 2010, 71, S. 1-8; Menzel E. W., Davenport R. K., Rogers C. M., »The development of tool using in wild-born and restriction-reared chimpanzees«, *Folia Primatologica*, 1970, 12, S. 273-283.
35. Tomasello M., Call J., »The role of humans in the cognitive development of apes revisited«, *Animal Cognition*, 2004, 7, S. 213-215; Furlong E., Boose K., Boysen S., »Raking it in: The impact of enculturation on chimpanzee tool use«, *Animal Cognition*, 2007, 11, S. 83-97.
36. Van Schaik C. P., »Geographic variation in the behavior of wild great apes: Is it really cultural?«, in: K. N. Laland et B. G. Galef (Hrsg.), *The Question of Animal Culture*, Harvard University Press, 2009, S. 70-98.

## KAPITEL 7
Kooperation, Altruismus oder Empathie?

1. McNally L., Brown S. P., Jackson A. L., »Cooperation and the evolution of intelligence«, *Proc. R. Soc. B.*, 2012, 279, S. 3027-3034.
2. Dugatkin L. A., *Cooperation Among Animals: An Evolutionary Perspective*, Oxford University Press, 1997; Dugatkin L. A., »Animal cooperation among unrelated individuals«, *Naturwissenschaften*, 2002, 89, S. 533-541.
3. Plotnik J. M., Lair R., Suphachoksahakun W., Waal F. B. M. de, »Elephants know when they need a helping trunk in a cooperative task«, *Proc. Natl Acad. Sci.*, 2011, 108 (12), S. 5116-5121; Kappeler P. M., Van Schaik C. P. (Hrsg.), *Cooperation in Primates and Humans: Mechanisms and Evolution*, Springer, 2006: Emery N. J., Clayton N. S., »The mentality of crows: Convergent evolution of intelligence in corvids and apes«, *Science*, 2004, 306, S. 1903-1907: Marino L. et al., »Cetaceans have complex brains for complex cognition«, 2007, *PLoS Biol.*, 5, e139.
4. Hauser M. D. et al., »Give unto others: Genetically unrelated cotton-top tamarin monkeys preferentially give food to those who altruistically give food back«, *Proc. R. Soc. Lond. B. Biol. Sci.*, 2003, 270, S. 2363-2370.
5. Stephens D. W. et al., »Discounting and reciprocity in an Iterated Prisoner's Dilemma«, *Science*, 2002, 298, S. 2216-2218.
6. Clutton-Brock T., »Cooperation between non-kin in animal societies«, *Nature*, 2009, 462, 5.
7. Zamma K., »Grooming site preferences determined by lice infection among Japanese macaques in Arashiyama«, *Primates*, 2002, 43, S. 41-49.
8. Schino G., Scucchi S., Maestripieri D., Turillazzi P. G., »Allogrooming as a tension-reduction mechanism: A behavioral approach«, *Am. J. Primatol.*, 1998, 16, S. 43-50.
9. Maestripieri D., »Vigilance costs of allogrooming in macaque mothers«, *Am. Nat.*, 1993, 141, S. 744-753; Cords M., »Predator vigilance

costs of allogrooming in wild blue monkeys«, *Behaviour*, 1995, 132, S. 559-569.
10. Mooring M. S., Blumstein D. T., Stoner C. J., »The evolution of parasite-defence grooming in ungulates«, *Biol. J. Linn. Soc.*, 2004, 81, S. 17-37.
11. Radford A. N., Du Plessis M. A., »Dual function of allopreening in the cooperatively breeding green woodhoopoe. *Phoeniculus purpureus*«, *Behav. Ecol. Sociobiol.*, 2006, 61, S. 221-230.
12. Khuong A. et al., »Stigmergic construction and topochemical information shape ant nest architecture«, *PNAS*, 2016, 113, S. 1303-1308.
13. Nowak M. A., »Five rules for the evolution of cooperation«, *Science*, 2006, 314, S. 1560-1563.
14. Rood J. P., »Banded mongoose rescues back member from eagle«, *Anim Behav.*, 1983, 31, S. 1261-1262.
15. West S. A., Griffin A. S., Gardner A., »Evolutionary explanations for cooperation: Review«, *Curr. Biol.*, 2007, 17, R661-R672.
16. Cibot M., Krief S., Philippon J., Couchoud P., Seguya A., Pouydebat E., »Hand and foot impairments of wild adult chimpanzees *(Pan troglodytes schweinfurthii)*: Consequences on behavioral and functional capabilities during feeding«, *Int. J. Primatol.*, 2016, DOI 10.1007/s10764-016-9914-0.
17. Wall F. B. M. de, »Putting the altruism back into altruism: The evolution of empathy«, *Annu. Rev. Psychol.*, 2008, 59, S. 279-300.
18. Goldman A., *Simulating Minds: The Philosophy, Psychology and Neuroscience of Mindreading*, Oxford University Press, 2008.
19. Call J., Tomasello M., »Does the chimpanzee have a theory of mind? 30 years later«, *Trends Cogn. Sci.*, 2008, 12 (5); S. 187-192; Shettleworth S. J., »Cognition: Theories of mind in animals and humans«, *Nature*, 2009, 459, S. 506.
20. Church R. M., »Emotional reactions of rats to the pain of others«, *Journal of Comparative and Physiological Psychology*, 1959, 52 (2), S. 132-134.
21. Masserman J. H., Wechkin S., Terris W., »Altruistic behavior in rhesus monkeys«, *American Journal of Psychiatry*, 1964, 121, S. 584-585.

22. Rice G. E. J., Gainer P., »Altruism in the albino rat«, *Journal of Comparative and Physiological Psychology*, 1962, 55, S. 123-125.
23. Parr L. A., Hopkins W. D., »Brain temperature asymmetries and emotional perception in chimpanzees, *Pan troglodytes*«, *Physiology and Behavior*, 2000, 71 (3-4), S. 363-371.
24. Parr L. A., »Cognitive and physiological markers of emotional awareness in chimpanzees *(Pan troglodytes)*«, *Physiology and Behavior*, 2001, 4, S. 223-229.
25. De Waal F. B. M., *Bonobos: Die zärtlichen Menschenaffen*, Birkhäuser Verlag, 1998.
26. Panksepp J., Panksepp J. B., »Toward a cross-species understanding of empathy«, *Trends in Neurosci.*, 2013, 36, S. 489-496.
27. Ebd.
28. Byrne R. W., »Do elephants show empathy?«, *Journal of Consciousness Studies*, 2008, 15 (1011), S. 204-225.
29. Bates L. A., Poole J. H., Byrne R. W., »Elephant cognition«, *Curr. Biol.*, 2008, 18, R544-R546.

# KAPITEL 8

Eine oder mehrere Formen der Intelligenz?

1. Byrne R. W., *The Thinking Ape: Evolutionary Origins of Intelligence*, Oxford University Press, 1995.
2. Passingham R. E., *The Human Primate*, New York, Freeman, 1981; Weiskrantz L., *Animal Intelligence*, Oxford University Press, 1985.
3. Armynot du Chatelet E., Noiriel C., Delaine M., »3D morphological and mineralogical characterisation of testate amoebae«, *Microscopy and Microanalysis*, 2013, 19, S. 1511-1522.
4. Boisseau R. P., Vogel D., Dussutour A., »Habituation in non-neural organisms: Evidence from slime moulds«, *Proceedings of the Royal Society B*, 2016, DOI 10.1098/rspb.2016.0446.
5. Cohen I., Golding I., Kozlovsky Y., Ron I. G., Ben-Jacob E., »Continuous and discrete models of cooperation in complex bacterial

colonies«, *Fractals*, 1999, 7 (3), S. 235-247; Ford B. J., »Are cells ingenious?«, *Microscope*, 2004, 52 (3-4), S. 135-144.
6. Ben-Jacob E., Becker I., Shapira Y., »Bacterial linguistic communication and social intelligence«, *Trends in Microbiology*, 2004, 12 (8), S. 366-372.
7. Schreiweis C. et al., »Humanized Foxp2 accelerates learning by enhancing transitions from declarative to procedural performance«, *Proc. Natl Acad. Sci. USA*, 2014, 111 (39), S. 14253-14258.
8. Byrne R. W., Bates L. A., »Sociality, evolution and cognition«, *Curr. Biol.*, 2007, 17, S. 714-723.
9. Reader S. M., Hager Y., Laland K. N., »The evolution of primate general and cultural intelligence«, *Phil. Trans. R. Soc. B.*, 2011, 366, S. 1017-1027.
10. Deaner R. O., Isler K., Burkart J. M., Van Schaik C. P., »Overall brain size, and not encephalization quotient, best predicts cognitive ability across nonhuman primates«, *Brain Behav. Evol.*, 2007, 70, S. 115-124.
11. Gergely G., Egyed K., Kiraly I., »On pedagogy«, *Development Sciences*, 2007, 10, S. 139-146.
12. Moore R., »Social learning and teaching in chimpanzees«, *Biol. Philos.*, 2013, 28, S. 879-901.
13. Francks N. R., Richardson T., »Teaching in tandem-running ants«, *Nature*, 2006, 439, S. 153.
14. Boesch C., »Teaching among wild chimpanzees«, *Animal Behaviour*, 1991, 41, S 530-532: Boesch C., *Wild Cultures: A Comparison Between Chimpanzee and Human Cultures*, Cambridge University Press, Cambridge, 2012.
15. Washburn S. L., »Human behavior and the behavior of other animals«, *American Psychologists*, 1978, 33, S. 405-418.
16. Savage-Rumbaugh D. S., Lewin R., *Kanzi, der sprechende Schimpanse*, Knaur, 1998.
17. Pepperberg I. M., »Ordinality and inferential abilities of a grey parrot *(Psittacus erithacus)*«, *Journal of Comparative Psychology*, 2006, 120 (3), S. 205-216; Lefebvre L., »Social intelligence and forebrain size in birds«, in: J. Kaas (Hrsg.), *The Evolution of Nervous*

*Systems*, t. 2: *Non-Mammalian Vertebrates*, Academic Press Elsevier, 2007, S. 229-236.
18. Herman L. M., Richards D. G., Wolz J. P., »Comprehension of sentences by bottlenosed dolphins«, *Cognition*, 1984, 16, S. 129-219.
19. Grainger J., Dufau S., Montant M., Ziegler J. C., Fagot J., »Orthographic processing in baboons«, *Science*, 2012, 336, S. 245-248.
20. Nudel R., Newbury D. F., »FOXP2«, *Wiley Interdiscip. Rev. Cogn. Sci.*, 2013, 4 (5), S. 547-560.

## Fazit

1. Berthoz A., *Le Sens du mouvement*, Odile Jacob, 1997; Dehaene S., *Der Zahlensinn oder Warum wir rechnen können*, Birkhäuser Verlag, 1999; Flynn, J., *What Is Intelligence: Beyond the Flynn Effect*, Cambridge University Press, 2009; Gardner H., *Abschied vom I.Q.: Die Rahmen-Theorie der vielfachen Intelligenzen*, Klett-Cotta, 2005 (4. Auflage).
2. Suzuki K., Vauclair J., *De quelques mythes en psychologie. Enfants-loups, singes parlants et jumeaux fantômes*, Seuil, 2016.
3. Vauclair J. [1992], *L'Intelligence animale*, Seuil, 2016; Waal F. de, *Sommes-nous trop bêtes pour comprendre l'intelligence des animaux?*, Les Liens qui libèrent, 2016.
4. Kappelman J., Ketcham R. A., Pearce S., Todd L., Akins W., Colbert M. W., Feseha M., Maisano J. A., Witzel A., »Perimortem Fractures in Lucy Suggest Mortality from Fall Out of Tall Tree«, *Nature*, 2016, DOI:10.1038/nature19332.
5. Feix T., Kivell T. L., Pouydebat E., Dollar A. M., »Estimating Thumb-Index Finger Precision Grip and Manipulation Potential in Extant and Fossil Primates«, *J. R. Soc. Interface*, 2015, 12, S. 106.
6. Lamarck J.-B. de, *Système analytique des connaissances positives de l'homme*, J.-B. Baillière, 1820.
7. De Roode J. C., Lefèvre T., Hunter M. D., »Self-Medication in Animals«, *Science*, 2013, 340 (6129), S. 150–151; Shurkin J., »News Feature: Animals That Self-Medicate«, *PNAS*, 2014, 111 (49), S. 17339-17341.

## Literaturverzeichnis

8. Byrne R. W., Whiten A., *Machiavellian Intelligence*, Oxford University Press, 1988; Hanlon R. T., Messenger J. B., *Cephalopod Behaviour*, Cambridge University Press, 1998.
9. Neumann J. M., »The Universal Declaration of Animal Rights or the Creation of a New Equilibrium between Species«, *Animal Law Review*, 2012, 19 (1).
10. Despret V., *Que diraient les animaux si on leur posait les bonnes questions?*, Les Empêcheurs de penser en rond, 2012; Price E. O., *Animal Domestication and Behavior*, CABI Publishing, 2002.
11. Inspiriert durch T. Dobzhansky, »Nothing in Biology Makes Sense Except in the Light of Evolution«, *American Biology Teacher*, 35, S. 125–129.

# Bildnachweis

Kapitel 1: Frosch: Adobe Stock/Anatolii
Kapitel 2: Affe Adobe Stock/Eric Isselée
Kapitel 3: Spinne Adobe Stock/dm_art
Kapitel 4: Papagei Adobe Stock/cynoclub
Kapitel 5: Delfin Adobe Stock/Alexander Potapov
Kapitel 6: Fisch/Wal: shutterstock/Maria Spb
Kapitel 7: Ratte Adobe Stock/Pakhnyushchyy
Kapitel 8: Ameise Adobe Stock/Antrey
Fazit: Elefant Adobe Stock/eyetronic

# Register

Adaptation 39 ff., 126, 138, 149, 175, 180, 182, 239 f.
Akkulturation 215
Altruismus 228, 230; siehe auch Empathie; Kooperation
Ameisen 111 f., 144 f., 165, 166 ff., 222, 244
Anaxagoras 57
Arboricole Arten 58
 – Greiffähigkeit 66 ff.
Archäologie 59 ff.
Aristoteles 57
Artensterben 256 f.
Ausgrabungen, archäologische 23 f., 54, 58, 59, 60 f.
Australopithecus 20 f., 45, 50, 54, 56, 60, 75, 96
Australopithecus afarensis 45
Australopithecus africanus 50
Australopithecus sediba 60 ff., 69

Bakterien 239 f.
Barnes-Labyrinth 179 ff.

Beobachtung, Lernen durch 124, 203, 205
Berberaffen 28 f.
Biber 142 f.
Bienen 143 f., 165, 205
Biodiversitätskonvention (CBD) 260
Bonobos 72, 74, 87 ff., 231 f., 246
Brieftauben 170 ff.

Central place foragers 163
Coppens, Yves 13 ff., 19 ff., 33 ff.
Cortex 49, 133

Darwin, Charles 57
Daumen, opponierbarer 45, 51, 62 ff.
 – bei Phyllomedusa bicolor (Frosch) 69
 – (End-)Phallanx verschiedener Arten 63 ff.
Delfine 120 f., 177 f.

Echolotung 120
Egoismus 224 f.

Eidechsen 179 ff.
Elefanten 100, 159 ff., 220, 233
Empathie 228 ff.
Endphalanx 63 ff., 69
Entlausen 204, 213, 221 f.
Erdmännchen 174 f., 221, 224 f.
Erinnerung, räumliche 147 ff.
   siehe auch Navigieren
   – bei Eidechsen 179 ff.
   – bei Elefanten 159 f.
   – bei Erdmännchen 175 f.
   – bei Fischen 161 f.
   – bei Schimpansen 147 ff.
   – beim Menschen 153 ff.
   – bei Vögeln 156 ff., 164 ff. siehe auch Heimfindeverfahren; Karte-Kompass-Strategie (bei Brieftauben); Nahrungsaufbewahrung bei Vögeln
euklidische Karte 52
Evolution 29, 40, 235 ff., 255 ff.
   – Hierarchie der 37 f.
   – der Intelligenz 36 ff., 77, 113, 140, 214, 219, 235 ff., 255 f.
   – Werkzeuggebrauch im Laufe der E. 123 ff.
Experimente
   – Erinnerung, räumliche (Schimpansen, Mensch) 153 ff.
   – Innovation bei Krähen 195 f.
   – Nuss im Labyrinth 85 ff.
   – Öffnen eines Kastens (Kapuzineraffen, Gelbbrustaras) 130 ff.
   – Werkzeuggebrauch bei Krähen 105 f.
   – Orientierung im Barnes-Labyrinth (Eidechse) 179 ff.

Feuchtnasenprimaten 45
Fische
   – Gehirn 52, 135
   – kollektive Intelligenz 209 f.
   – Kooperation 222 f.
   – Langzeitgedächtnis 162 f.
   – Orientierungsfähigkeit 162 f.
   – Werkzeuggebrauch 115 ff.
FOXP2 (Gen) 241, 248
Frösche, Greiffähigkeit 68 f.

Gang, aufrechter 50 f., 56 f.
Gefangenschaft (Haltung), Tiere in 29, 75, 139, 242
Gehirn(volumen) 47 ff., 124, 133 ff., 193
   – Delfinartige 120
   – Fische 52, 135
   – Makaken 133
   – Mensch 47 ff., 155, 242 f.
   – Vögel 49, 133, 134, 157 f.
Gelbbrust-Aras 130 ff.
Goodall, Jane 24, 73
Gorillas 64, 65, 91, 95, 137 f., 213, 232
Greiffähigkeit 57, 61, 63, 66 ff., 91 ff., 119 siehe auch Daumen, opponierbarer; Pinzettengriff; Präzisionsgriff

# Register

Habituation 26, 265 (Fußnote 1)
Hände, fossile 60 f.
Hände, freie (beim Menschen) 50, 56 ff., 62 f.
Handy Man siehe Homo habilis
Heimfindeverfahren 164 ff.
Hippocampus 157 f.
Homing siehe Heimfindeverfahren
Hominiden 44, 45, 47, 54, 59 siehe auch Menschenaffen
Homo 44, 45, 48, 54, 58 f.
Homo erectus 140
Homo ergaster 140
Homo heidelbergensis 58
Homo neanderthalensis 45, 58, 76, 140
Homo rudolfensis 45
Homo habilis 45, 47, 52, 53, 54, 55 f., 60, 64, 68, 69
Homo sapiens 44, 45, 76, 140
Hybridisierung 45

Innovation 187 ff., 211 ff. siehe auch Lernen, individuelles; Lernen, soziales; Intelligenz
– bei Meeressäugetieren 195 f.
– bei Primaten (Schimpansen) 193 f.
– bei Vögeln 194 f.
– Weitergabe von 199 ff., 212 ff.
Insekten
  – kollektive Intelligenz 206 ff.
  – Kooperation 222
  – Nervensystem 135
– Orientierungsfähigkeit 166 ff.
   siehe auch Kopplung
– Werkzeuggebrauch 110 ff., 144 f.
Intelligenz
– Definition 38 f., 211, 236
– des Herzens 217 ff.
– Einfluss der Gene 240
– Hierarchisierung, Unmöglichkeit der 36ff., 248 ff. siehe auch Evolution der Intelligenz
– Innovation als Zeichen von I. 191 ff. siehe auch Innovation
– kollektive 112, 205 ff., 240
– kulturelle 187 ff.
– nichtlineare Entwicklung bei Primaten 76 f.
– pluralistische 237
– situative 251
– soziale 187 ff., 240
– Werkzeuggebrauch als (vermeintliches) Zeichen von I. 52 ff., 124 ff.
International Primatology Society Kongress 253 f., 256

Jagdstrategien bei Meeressäugetieren 113 ff., 196 f.

Kapuzineraffen 70 f., 73 f., 75, 80, 81, 84, 92, 127 ff., 130 ff., 139, 156, 187 f., 198, 204, 205
Karte, kognitive 151 f., 162, 173
Karte-Kompass-Strategie (Brieftaube) 172 f.

# Register

Kastanienknacken (Kapuzineraffen) 127 f.
Kenyanthropus 55
Kleinhirn 134
Klimatisierungssystem (Termitenbau) 144
Kognitive Fähigkeiten 49, 70, 76, 77, 124 ff., 219, 241
Kollektive Intelligenz 205 ff.
– bei Ameisen 112, 205
– bei Bienen 206, 210
– bei Fischen 209 f.
– bei Vögeln 209 f.
Kommunikation, komplexe, bei Tieren 246 f.
Kooperation 218 ff.
– selbstlose 223 f., 228
Kopffüßer 118, 173 f.
Kopplung (Art der Orientierung) 166, 168
Kraftgriff 93
Krähen 103 ff., 124, 194 ff., 198
Kreativität 67 f., 123 ff.
Kultur 80, 93, 94 ff. 140
– tierische 95 ff., 200, 212, 213 f.
Kulturelle Intelligenzhypothese 214
Kulturelle Weitergabe 212 siehe auch Innovation, Weitergabe von
– bei Makaken 201 f.
– bei Vögeln 200 f.

Langzeitgedächtnis
– bei Elefanten 159 f.
– bei Fischen 163
– bei Schimpansen 152 f.
Lamarck, Jean–Baptiste 259 f.
Leaky, Louis 24
Lebensumfeld, natürliches 29 ff.
Lemuren 27, 67 f., 70, 71, 77, 81 ff., 139
Lernen, individuelles 124, 189
Lernen, soziales 124 f., 194, 203 ff., 212, 214 f., 243
Lucy 20 f., 29, 45, 60, 139

Magnetismus (Orientierung von Meeressäugetieren) 176 ff.
Makaken 25 ff., 74, 75, 80, 81, 84, 133, 139, 201 f.
Mäuse 241
Mausmakis 67 f., 71
Manipulation (von Gegenständen) 57 f., 83 f., 93, 96, 123 ff., 134, 146 siehe auch Werkzeuggebrauch
Matzuzawa, Tetsuro 253 f.
Mensch
– Definition/Charakteristika 43 ff., 62 ff.
– Erinnerung, räumliche 153 ff.
– Egoismus 224 ff.
– Gehirn 47 ff.
– Hand, Greiffähigkeit siehe Daumen, opponierbarer
– Herstellung von Steinwerkzeug 52 ff., 66 f.
– Intelligenz siehe dort; siehe auch Evolution

# Register

– Werkzeuggebrauch 92 ff.
mental map 151 f
Menschenaffen 44, 45, 72 ff., 87 ff., 126, 193, 204 f siehe auch Hominiden; Primaten; Bonobos, Gorillas; Orang-Utans; Schimpansen

Nachahmung 37, 205, 210 siehe auch Lernen, soziales
Nahrungsaufbewahrung bei Vögeln 156 f.
Navigation, Integrierte 166
Navigieren 147 ff.
Neocortex 48, 133
Neuroimaging 132
Neuronen (Gehirn) 49, 138, 158, 165, 209, 262
Nüsseknacken 59
– Kapuzineraffen 70, 128 f., 188 ff., 205
– Krähen 103
– Schimpansen 70, 128 f., 193 f.

Oates, John 256
Orang-Utans 73, 74, 75, 80, 89 f., 126, 146, 150, 156, 204, 214
Orientierung, räumliche siehe auch Erinnerung, räumliche; Navigieren
– bei Eidechsen 179 ff.
– bei Elefanten 159 ff.
– bei Fischen 161 ff.
– bei Meeressäugetieren 176 ff.
– bei Schimpansen 149 ff.
– bei Vögeln 156 ff.
Orrorin tugenensis 59, 64

Pädagogik 243 f.
Paläoanthropologie 15 f., 44, 47, 54, 60, 62
Pallium 49
Paviane 80, 81, 84, 156, 204, 247
Phallanx siehe Endphallanx
Phyllomedusa azurea (Frosch) 68 f.
Phyllomedusa bicolor (Frosch) 69
Pinzettengriff 63, 66
Präzisionsgriff 91, 93
Primaten 37, 43 f. siehe auch Hominiden; Mensch; Menschenaffen
– Charakteristika 45 ff., 51 ff.
– nichtlineare Entwicklung der Intelligenz 76 f.
– Präzision beim Greifen 66 ff.
– Steinwerkzeug, Herstellung von 62 ff., 72 ff.
– Werkzeuggebrauch 74 ff., 79 ff., 137 f., 139, 140
Primatologie 24 f.
Pronation 67
Propriozeption 168 f.

Rabenvögel 101, 134, 137, 156, 220
Ratten 230
Raumorientierung, propriozeptive (idiothetische) 168
Reptilien

- räumliches Erinnerungsvermögen 179 ff.
- Werkzeuggebrauch 117

Savanne 55
Schimpansen 24, 29 ff., 44, 70, 74, 75, 79 f., 124, 126, 147 ff., 150 f.,193, 198, 204, 213, 214 f., 219, 228 f., 230 f., 244, 246, 261
Schummeln 224 ff.
Seeotter 100, 115, 121
Selbstmedikation 260 f.
Spielen, Lernen durch 198
Spieltheorie 226
Spinnen 107 ff., 169, 198
Sprechen, artikuliertes 37, 38
Stachelhäuter 119
Steinwerkzeug 52 ff., 66 ff., 71 ff, 140

Täuschung 261
Termiten 144
Theory of Mind 37, 230
Tiefensensibilität siehe Propriozeption
Tier, Definition 51 f.
Tierbauten 142 ff., 251
Tintenfische 18, 203, 261
Tradition 140 siehe auch Kultur
Trockennasenprimaten 45
Trophallaxis 111

Verführen 112 f., 204, 261
Verhaltensflexibilität 241 f.

Vögel
- Gehirn 49, 124, 133, 134, 193
- Geschicklichkeitsübung (Öffnen eines Kastens; Ara) 130 ff.
- Innovationen (Krähen) 194 ff.
- kollektive Intelligenz 209 f.
- Kooperation 221
- magnetischer Kompass 176
- Nestbau (Werkzeuggebrauch) 145
- Orientierungsfähigkeit (Brieftaube) 169 ff.
- Verstecken und Wiederauffinden von Nahrung 156 ff. siehe auch Erinnerung, räumliche, bei Vögeln
- Weitergabe von Innovationen 200 f.
- Werkzeuggebrauch 101 ff., 133

Wale 113 f., 177, 196 f., 220
Werkzeug
- aus pflanzlichem Material 58, 76, 84 f.
- aus Stein siehe Steinwerkzeug
Werkzeuggebrauch
- als (vermeintliches) Zeichen von Intelligenz 52 ff., 124 ff.
- bei Insekten 110 ff.
- bei Krustentieren 118 f.
- bei Meeresbewohnern 112 ff.
- bei Primaten 74 ff., 79 ff., 137 f., 139, 140